形式逻辑袖珍指南

A Pocket GUIDE TO FORMAL Logic

[加] 卡尔 · 拉德鲁特（Karl Laderoute）／著
杨昕燃／译

中国经济出版社
CHINA ECONOMIC PUBLISHING HOUSE
· 北 京 ·

图书在版编目（CIP）数据

形式逻辑袖珍指南 /（加）卡尔·拉德鲁特著；杨昕燃译 . -- 北京 ：中国经济出版社，2025. 6. -- ISBN 978-7-5136-8280-0

Ⅰ. B812-62

中国国家版本馆 CIP 数据核字第 2025BV0319 号

出版外国图书合同登记号：图字 01-2025-2417

责任编辑　王西琨
责任印制　李　伟
封面设计　任燕飞工作室

出版发行　中国经济出版社
印 刷 者　北京建宏印刷有限公司
经 销 者　各地新华书店
开　　本　880 mm × 1230 mm　1/32
印　　张　5.625
字　　数　116 千字
版　　次　2025 年 6 月第 1 版
印　　次　2025 年 6 月第 1 次
定　　价　68.00 元
广告经营许可证　京西工商广字第 8179 号

中国经济出版社　**网址** http：//epc.sinopec.com/epc/　**社址** 北京市东城区安定门外大街 58 号　**邮编** 100011
本版图书如存在印装质量问题，请与本社销售中心联系调换（联系电话：010-57512564）

译者序

各位读者朋友，大家决定翻开这本书，也许出于类似的经历——在某个不经意的时刻，因为一本书、一句话、一颗思想的种子深深植入了心里，你开始怀疑自己之前的认知，开始渴望解锁更多的“逻辑谜题”，从而对推理产生了兴趣——就像我打开《利维坦》的那个下午。彼时霍布斯在“论推理与学术”中描绘的场景令我如芒在背：那些在概念迷宫里原地打转的思考者，活脱脱就是我们每天在朋友圈辩论的 17 世纪版本。就在那个闷热的午后，我决定给自己配一副“逻辑学的眼镜”。

当我真正开始搜寻入门读物时，却发现这个领域的书籍都像是戴着单片眼镜的老学究。它们要么用“命题函项”“换质命题”这类术语砌起高墙，要么像赶集似的在 300 页里塞进 20 个逻辑系统。密密麻麻的符号阵列像极了数学课上永远解不开的压轴题。直到遇到这本蓝色封皮的小书——《形式逻辑袖珍指南》(*A Pocket Guide to Formal Logic*)。它没有急于展示逻辑学的精妙架构，而是像一位耐心的向导，从最基本的命题分析开始，为每个抽象概念配备了现实世界的锚点。

这正是本书最珍贵的特质：它用清晰的阶梯式结构，将形式逻辑分解为可操作的认知模块。作者深谙初学者的认知节奏，每个章节都遵循“概念阐释—规则说明—实例演示”的三段式推进。当你开始觉得符号系统略显抽象时，总会适时出现餐厅点单、照料宠物这类日常情境的类比。这种教学智慧，使本书既适合作为自学手册，也能成为课堂讲授的优质辅材。

翻译过程本身即绝佳的逻辑训练。语言是逻辑学的基础，中英释义的细微差别都可能导致理解的偏差（这一点在“析取”概念上体现得淋漓尽致）。因此在翻译时，我选用了与文本实际意义最为贴切的语言。术语体系的构建更需要慎之又慎。我在核心概念后面保留了英文原词，这不仅有助于读者对照查阅外文文献，更维护了逻辑符号的跨语言通用性。

全书最具时代特色的创新，当属作者开发的在线补充系统。这些数字工具既保证了全书简洁明晰的框架，又能为读者提供拓展内容。可以通过扫描书中提供的二维码或登录网址获取在线补充资料。

谨以本书，献给所有渴望突破思维迷雾的探索者。它或许会以各种形式参与你的逻辑之旅：可能是哲学系新生的第一本形式逻辑手册，也可能是辩论爱好者提升论证能力的秘密武器。当你开始用逻辑的透镜观察世界时，那些曾经纠缠不清的争论，那些似是而非的断言，都将显现出隐藏的结构脉络。这或许就是理性思考最动人的时刻：我们终能在纷繁的语言迷宫中，找到那条通向澄明的认知小径。

杨昕燃

2025 年 2 月 21 日

为学生写的前言

本书旨在为你提供形式逻辑的基本工具。

形式逻辑是逻辑学的一个分支，利用符号来表述。我们会用到两种符号。第一种是字母（如P、Q、R等），这些字母代表陈述（如句子、命题等）。我们要用到的第二种符号就是逻辑运算符，它们能够表示陈述之间的关系。这些连接词包括“和”“或”“否”“如果……那么……”“当且仅当”（用符号&、∨、–、→，以及↔表示）。使用这些符号能够让我们更清楚地明确陈述之间的逻辑关系。在书中，我们会利用形式逻辑学习演绎法来描述陈述之间的关系。正如我们在书中看到的那样，在演绎系统中，没有“大概”这回事，一个陈述要么为真，要么为假。此外，更重要的是，某些真实的陈述必然包含其他陈述。这些特点使得演绎逻辑成为一种极其强大的工具，即使在实践过程中，我们也必须经常依靠其他形式的推理。

我们将要学习的逻辑系统是陈述逻辑（statement logic，也称“命题逻辑”）。之所以称它为陈述逻辑，是因为它的基本分析单位是陈述（或命题或句子）。如果你继续学习其他类型的形式逻辑，就会意识到陈述逻辑并不是唯一的形式逻辑系统。形式逻辑系统还包括高阶逻辑系统、有不同基础原则的逻辑系统，以及不以陈述为基本分析单元的逻辑系统。逻辑还有另一个重要维度，本书没有详细介绍，即“非形式逻辑”（informal logic），也叫“批判性思维”（critical thinking）。非形式逻辑可以用于分析我们的日常逻辑，并帮助我们评估什么条件下推理进行得很好。相较于形式逻辑，非形式逻辑涉及的符号更少，同时避免使用一些形式逻辑的工具，比如真值表或证明。形式逻辑和非形式逻辑可以被看作研究正确推理的两种方法，它们就好像位于光谱的两端。当我们由光谱一端移向另一端时，就会发现形式逻辑和非形式逻辑之间的界限其实是模糊的。

你在本书中学习到的逻辑版本是一个近似我们日常推理的版本。尽管按照日常标准，你将学习的规则和符号可能有些晦涩难懂，但是只要具备一定的想象力，你很快就会发现这个逻辑系统可以帮助我们梳理自己的思维方式。本书提供的形式逻辑系统既可以有效地应用于解决现实世界的问题，又能够提高我们的日常推理能力。这个系统应该被视作对非形式逻辑的补充，而不是与之竞争。同时学习形式逻辑与非形式逻辑对于具有良好推理能力的学生来说大有裨益。

我努力将本书的内容按照最易于理解的顺序进行呈现，所有内容都在前面所讲知识的基础上进一步展开。能够顺利完成每个部分的练习是一个很好的迹象，说明你已经掌握了每个部分所涉及的知识点。

卡尔·拉德鲁特（Karl Laderoute）
莱斯布里奇大学

为讲师写的前言

在批判性思维课上，我布置了一篇专门讨论形式逻辑的文章。然而，在这堂课中，学生需要掌握陈述逻辑的基本知识，我又很难找到一本内容合适且篇幅较短的参考书。我希望本书能够以有效且经济的方式满足这一需求。

设计本书时我设定了三个目标。第一个目标是让这本书易于理解。许多在大学一、二年级接触形式逻辑的学生没有形式逻辑系统的知识背景。在我看来，许多有关形式逻辑的书错误地高估了读者的逻辑学基础。在本书中，我的目标就是在不预设学生有任何相关知识基础的情况下向他们讲解陈述逻辑，并展示形式逻辑系统的实际应用。

第二个目标是让大多数学生能够买得起这本书。在许多地方，教育成本高得惊人，学生不应该继续被昂贵的教科书成本剥削。虽然在理想世界中，课本应该全部免费，但是我很高兴 Broadview Press（本书出版社）和我有相同的愿景，即优秀的教科书不必昂贵。

第三个目标是实现内容模块化。本书是为教师方便教学而设计的。前 4 章主要是用来向学生介绍形式逻辑的基本工具。然后，根据教师的偏好和课时，剩下的部分可以分段讲解。第 5 章主要向学生介绍长真值表法，第 6 章则向他们介绍短真值表法。第 6 章不应该在学生没有学习第 5 章的情况下讲解，但对于学生而言，要想理解形式逻辑如何运作，学习短真值表法不是必需的。根据我的教学经验，短真值表法需要更多的课时才能有效地教授给学生，课时紧张的教师可能希望课程内容只以学习为目的，而非系统介绍陈述逻辑，因此这部分完全可以跳过。第 7 章至第 9 章涵盖了自然演绎的相关知识。第 7 章如同真值表与证明这两部分之间的桥梁。真值表可以用来确定为什么某些常见的论证是有效或者无效的，而常见的有效论证形式为理解第 8 章介绍的基本推理规则提供了基础。第 9 章主要介绍进阶证明技巧，如条件证明与间接证明。第 10 章则介绍了替换规则。

我发现学生学习长真值表法和推理规则时的反馈很好：一旦学生熟练地掌握了长真值表法，那么理解这些原则如何以及为什么使用就会变得很容易。然而，教师可能会选择完全忽略真值表，而只专注于证明技巧。根据教师的兴趣和可用的课时，学生为了了解证明可能只会接触第 8 章，如果时间允许，他们还可能会接触到第 9 章和第 10 章。

总而言之，本书旨在提供一种灵活的方式，能够在适应教师的教学目标以及时间的情况下教授学生陈述逻辑。我真诚地希望你和你的学生能够在课堂上发现这本书是一个有用的工具。

卡尔·拉德鲁特
莱斯布里奇大学

致 谢

我感谢许多人，他们以各种方式帮助支持本书的写作和出版。我感谢 Broadview Press 的 Stephen Latta 看到了这个项目的价值，鼓励我完成它，并且非常理解项目在构思和完成之间的延误。我还要感谢 Broadview Press 的 Bob Martin，他仔细研究了草稿材料并提出了许多有用的更改。由于 Bob Martin 有见地的建议，本书的最终版本完善了许多。

莱斯布里奇大学哲学系是一个热情友好的知识分子之家。感谢该系以下每位成员在本书写作期间对我的鼓励和支持：Kent Peacock、Bryson Brown、Michael Stingl、Katharina Stevens、Ardis Anderson、Victor Rodych、Paul Viminitz 以及 Gillman Payette。非常感谢 Katharina Stevens 为该项目的早期草稿提供反馈，并感谢 Victor Rodych 几次非常长而且非常有帮助的电子邮件交流，从而帮助我明确了想法，并向我提出了本书需要实现的重要目标。我还要感谢 Jason Schultchen，他在莱斯布里奇大学哲学系的研究生期间对本书进行了校对，并提供了有用的建议。Neta Zaslow 也阅读了本书的部分内容，并提出了富有成效的建议，对此我深表感谢。书中如有任何谬误，都是我自己的原因。

感谢我的妻子对我的爱、支持、鼓励、耐心和一丝不苟的校对！感谢我的父母 Carrol 和 Joan 对我的爱与鼓励。感谢我的岳父母 Michael 和 Andrea 多年来对我的爱与支持。最后，感谢 Yoda 在项目开始时陪伴着我，感谢 Morbo 在我完成本书时在我身边。

目录

|第1部分|
转化为陈述逻辑

|第2部分|
用真值表检验有效性

|第3部分|

用证明论证有效性

第 1 部分

转化为陈述逻辑

第1章 符号化

我们大多数人用自然语言（natural language）进行交流和思考，如日常所用的英语、法语或者德语。这些语言是在人类历史的变迁中“自然”发展而成的。相比之下，形式逻辑是由另一种类似数学的形式（或人工）语言（formal or artificial language）进行的。人工语言的创立和发展都是出于特定的目的。语言逻辑能够帮助我们梳理复合陈述之间的事实关系，并且明确论证所使用的推理模式。为了运用形式逻辑，我们必须将自然语言翻译为符号形式。当这一过程与用逻辑运算符表示陈述之间的关系相结合时，我们将其称为符号化（symbolization）。

在本章的学习中，你将会掌握将陈述由自然语言翻译为符号形式的基本规则。你还将了解简单陈述与复合陈述、演绎论证与归纳论证之间的区别。第2章到第4章，你还会研究如何用字母和符号对论证中的自然语言进行正式的符号化表达。在第2章中，我们会解释如何构建并读取基础的真值表。在第 3 章中，我们会介绍使用真值表来定义作为形式逻辑基础的逻辑运算符，这些逻辑运算符充当了形式逻辑的“螺栓”和“螺母”。在定义这些逻辑运算符的过程中，你将会了解到真值表是如何承载复合陈述的。在第 4 章中，我们会解释如何运用逻辑运算符来准确地表达形式逻辑中的陈述与论证。在第 5 章中，你将看到如何使用真值表来检验正确表述的演绎论证是否有效。在第 6 章中，我们提供了一个简短的真值表法来证明有效或无效。第 7 章到第 10 章，我们给出了一个通过使用证明来检测论证是否有效的方法。归根结底，真值表和证明被用来检验演绎论证的形式有效性，其使我们能够区分好的演绎论证和差的演绎论证。

1.1 陈述、论证和演绎

自然语言（如英语）中的句子通常极其复杂，并且有许多方法可以通过不同的句子表达相同的思想。通常情况下，我们不喜欢重复地听或读相同的文字序列，而是喜欢在听或说的时候富有变化。陈述逻辑并不需要考虑是否足够令人愉快，但这并不意味着陈述逻辑本身就是不愉快的！当我们应对逻辑问题时，唯一需要关注的就是区分事实与谬误。因此，当我们将自然语言翻译为符号形式时，主要在意的是用尽可能清晰的表达方式来帮助我们辨别真伪。在符号化过程中，我们的目标就是分析给定的陈述，拆分其中的基本单元，为每个单元分配一个符号，并用其他符号表示这些单元之间的关系。

陈述（statement）是可能真实或虚假的任何断言。有一些句子是祈使句或疑问句，比如“关上门”或“今天是星期二吗？”，这类句子是不能够被称为真或假的。论证（argument）在逻辑学和哲学意义上，是一系列互相关联的陈述，从而为接受另一陈述的真实性提供理由。论证中的一个或多个陈述作为前提，而其他的一个或多个陈述则作为结论。最简单的论证就是一个能为相信一个单一结论提供理由的单一前提。许多（如果不是大多数）论证会包含不止一个前提。

在本书中，我们将“推理”视为提出和评估论证的过程。有两种基本的论证类型，因而产生了两种推理方式。本书致力于研究演绎论证（deductive argument）。演绎论证的一个关键特征就是前提的真实性确保了结论的真实性。这一特征使得演绎论证非常强大。所有的演绎论证要么是形式有效的，要么是形式无效的。只有形式有效的演绎论证具有前提真实性确保结论真实性的特征。本书所提供的评估演绎论证的方法可以使我们确定给定的演绎论证是不是形式有效的。在第 5 章中，我们会更深入地探讨演绎论证的形式有效性。

另一种基本的论证就是归纳论证（inductive argument）。在归纳论证中，前提的真实性不能保证结论的真实性，尽管在一个好的归纳论证中，真实的前提能够为相信结论提供一定的理由。一些归纳论证会为我们提供相信结论的压倒性理由，而另一些能提供的理由非常有限。我们可以把对演绎论证的评估称为演绎推理，把对归纳论证的评估称为归纳推理。我们也可以将上述两个过程分别称为演绎和归纳。

学习归纳论证以及如何评估对提升推理能力是很重要的。虽然本书主要讨论演绎，但不要为演绎所提供的明显确定性所迷惑：演绎推理只不过告诉我们某些前提所蕴含的结论（必然从某些前提中所得的结论），但它不会告诉我们这些前提是否正确。人类是容易出错的动物。在确定给定的陈述是否正确时，我们不可避免地要在某种程度上依赖归纳推理。演绎和归纳不应该被视为两种对立的推理模式，恰恰相反，它们应被视作相辅相成的。

1.2 简单陈述、复合陈述和真值

在翻译陈述时，我们一定要区分简单陈述和复合陈述。回想一下，陈述是任何可能真实或虚假的断言。简单陈述就是不与任何其他陈述结合且不被逻辑运算符修饰的陈述。在本书中，我们会用到五种逻辑运算符："–""&""∨""→""↔"。这些符号分别代表"否""和""或""如果……那么……""当且仅当"。这些逻辑运算符是修饰陈述正确与否的条件。有关逻辑运算符的内容会在第 3 章详细解释。

复合陈述经常将简单陈述结合到一起。每当你看到有多个简单陈述衔接在一起时，你便得到了一个复合陈述。除此之外，当一个陈述被否定时（声称某事是虚假的），你就有了一个复合陈述。一个复合陈述是否真实取决于修饰或衔接构成它的简单陈述的逻辑运算符是什么，以及这些简单陈述的真值。陈述的真值（truth value）是其为真或假的属性，并且我们认为每个陈述都具有两个值中的一个（真实或虚假），即使我们不确定该陈述具有哪个值。

自然语言中的很多句子包含不止一个简单陈述。确定自然语言中一个句子包含哪些简单陈述的最好方法就是问自己这样一个问题：这个句子是否能做到在一些成分正确的同时，另一些成分是虚假的？不妨把提出并回答这个问题看作确定你正在处理何种陈述的一项测试。如果答案为“是”，则此陈述为复合陈述；如果答案为“否”，那么这个陈述就是一个简单陈述。例如：

“杰夫去了杂货店，并且他看到萨拉在那里。”

杰夫去杂货店可能是真的，但他看到萨拉在那里可能是假的。因此，这个句子是一个复合陈述，因为其中有可以独立为真或假的成分。

为了使我们的分析更上一层楼，我们可以把例句拆分成短句，然后重复我们的测试：

“杰夫去了杂货店。”

"杰夫在杂货店看到了萨拉。"

再次提出测试的问题，就会发现我们得到了两个简单陈述。如果"杰夫去了杂货店"是真的，那么它就是真的；这个句子中的任何成分都不可能是假的，同时其他成分是真的。想想看，你能让这句话的一部分是真的，而另一部分是假的吗？不，你不能（即使你说你能做到！）。这是因为简单陈述是陈述逻辑的基本真值载体（truth bearer），更通俗一点儿说，是人类思想和语言的基本真值载体。真值载体就是可以为真或假的事物。"杂货店"本身是不能为真或假的，而"去了杂货店"同样也不可能是真或假的。根据语言的基本规则，我们需要一个主语（"杰夫"）和谓语（"去了杂货店"）来构成一个可能为真或假的完整句子。

你有没有注意到这个句子在拆分前是由"并且"这个连词将两部分衔接在一起的？当你在一个句子中看到"并且"时，这个句子很可能就是一个复合陈述，尽管这不是绝对的。以下是一些简单陈述和复合陈述的例子：

简单陈述：
"阿卜杜勒穿过公园。"
"莫波（狗）喜欢玩玩具。"
"莱斯布里奇经常刮风。"
复合陈述：

“阿卜杜勒穿过公园，并且听着贝多芬第九交响曲。”

“莫波（狗）喜欢玩玩具和探索花园。”

“如果莱斯布里奇经常刮风，那么这里就会经常阳光明媚。”

1.3 符号化论证

既然我们已经能够区分简单陈述和复合陈述，我们就可以对它们进行符号化。在对一个论证进行符号化时，请按照以下步骤操作：

（1）确定论证中有多少个简单陈述。

（2）清晰地写出每个简单陈述。在每个简单陈述之间留出空白，最好分行书写。

- 把简单陈述变为肯定句。如果你遇到一个声称某事为错误的陈述，那么把该陈述当作一个复合陈述，并写出它的肯定形式作为你的简单陈述。例如，“今天的天气不好”就是一个复合陈述。它是“今天的天气很好”的否定形式。
- 尽可能避免使用代词。尽可能使用专有名词，尽管这需要重述最初所说或所写的内容。在分析一个复杂难懂的论证时，代词的使用可能会产生歧义和混淆，这就是为什么我们要避免使用代词。因此，在前面关于杰夫和杂货店的例子中，我们在第二个简单陈述中的表述是“杰夫（不是‘他’）在杂货店（不是‘那里’）看到了萨拉”。

● 用现在时写出每个简单陈述，除非需要强调时态（过去、现在和将来）的差异才能使论证有意义。正如避免使用代词一样，这可能也需要你重复原始陈述[①]。

（3）为每个简单陈述指定一个用于表示该陈述的字母。不要使用同一字母超过一次。

● 不要用一个字母表示一个复合陈述。复合陈述是由许多简单陈述和逻辑运算符结合而成的。

● 传统的做法是以字母P开头，然后按字母顺序依次排列（P，Q，R，…）。但我们不需要按照惯例进行。如果用某个特定的字母表示某个简单陈述是有意义的，如用某一个字母表示能更好地记住陈述的内容，那么就请随便用。

我们来看一个例子：

“下雪的时候，弗雷德上班会迟到。如果他上班再次迟到，就会被解雇。现在正在下雪，所以弗雷德要被解雇了。”

先花点儿时间来进行我们的简单陈述测试。这个例子里有多少个简单陈述？正确的答案是三个，而且这些简单陈述之间存在某种特定的逻辑关系（我们会在后面的章节里深入地研究这个问题）。以下是这些简单陈述被重写并用

① 有关代词和时态的详细内容，请参阅本书的在线补充资料。

字母标识后的形式：

P =“现在正在下雪。”

Q =“弗雷德上班迟到。”

R =“弗雷德要被解雇。”

请注意，为了完整地表述原始句子的含义，同时重述其中包含的三个简单陈述，我们不得不在简单陈述中补充一些词。我们还在提炼简单陈述的过程中去除了原始句子中的一些词。这种变化在将陈述符号化时完全可以接受。

我们来看看下一个例子：

“杰夫和菲尔都提出要买我的车。杰夫对它出价更高，但是他不可靠。所以我接受了菲尔的出价。”

我们可以这样将上述陈述符号化：

P =“杰夫提出要买我的车。”

Q =“菲尔提出要买我的车。”

R =“杰夫对它出价更高。”

S =“他不可靠。”

T =“我接受了菲尔的出价。”

请注意，在这个例子中，R 和 S 是不准确的。大家可能会问，R 中的“它”是什么，S 中的“他”又是谁。还要注意，R 中含有一个比较，尽管 R 并没有包含理解这个比较所需要的全部信息。我们可以重写这五个简单陈述，让它们看起来更清晰：

P =“杰夫提出要买我的车。”

Q =“菲尔提出要买我的车。”

R =“杰夫对我的车的出价比菲尔的出价更高。”

S =“杰夫不可靠。”

T =“我接受了菲尔的出价。”

重写的这一版要比之前的那一版更加清晰，在分析有关这些陈述的论证时也不太容易混淆。通常情况下，我们要尽可能地做到准确，省略无关信息，并且在翻译过程中尽可能清楚地涵盖必要信息。

在某些情况下，有些信息是不需要在符号化过程中体现的，因为这些信息与我们实际关注的论证本身关系不大。为了弄清哪些信息是与论证相关的，哪些是无关的，我们需要进一步了解演绎论证是如何运作的。我们将在接下来的章节中学习有关内容。在将自然语言翻译为简单陈述时，一旦我们了解了各种各样的逻辑运算符、它们的真值条件和论证形式，判断陈述中的信息与论证有无关系就会变得容易许多。有时，即使用于区分简单陈述和复合陈述的相对直截了当的测试，也会让我们琢磨简单陈述该怎么读。

模糊和歧义是自然语言的特性。形式逻辑是一个很有用处的工具，因为它能帮助我们梳理思想，并鼓励我们在日常生活中更准确地使用自然语言，以及基于自然语言的论证。在有些情况下，我们可能需要以多种方式翻译句子，并根据我们对论证的评估，看看哪一种解读是合理的。

1.4　练习

请将以下陈述符号化。明确每个示例中有多少个简单陈述，将每个简单陈述进行重述（没有代词），并用字母表示。这些问题的答案可以在本书的在线补充资料中查看。

（1）“弗雷德昨天给我的车换了机油。”

（2）“弗雷德昨天免费给我的车换了机油，他真是个好人。”

（3）“形式逻辑真是枯燥乏味且毫无意义！”

（4）“萨曼莎真的很喜欢原版的《全面回忆》，但她讨厌翻拍。”

（5）“我今天感觉不太舒服。昨天我在杰克周围待过一段时间，他感冒了，所以我一定是被他传染了。”

（6）“珍妮弗去年夏天去了意大利。在那里，她参观了古罗马斗兽场和梵蒂冈，还吃了很多意大利面。”

（7）“对坐飞机的恐惧是不可理喻的。你在去机场的路上死亡的可能性远远大于在飞行过程中死亡的可能性。”

（8）“我的猫 Whiskers 对每个人都很友好……尽管它确实会捉鸟。”

（9）“晚餐我打算吃沙拉而不是墨西哥玉米卷。”

（10）“我的比萨可以用无麸质饼皮制作吗？”

第 2 章　真值表

本章将要介绍真值表（truth table）的相关内容。学会如何构建和看懂真值表是理解形式逻辑的基础。真值表是有关真值的表格。陈述的真实性或虚假性被称为真值（truth value）。真值表用一系列的列[①]与行来表示陈述中语句包含的所有真和假的可能组合状态。真值表为确定给定的演绎论证是形式有效（formally valid）还是形式无效（formally invalid）提供了一种很有保障的方法。当演绎论证为绝对有效时，如果论证的结论为假，其前提就不可能为真。一个好的演绎论证必然是有效的。

要想从真值表上看出演绎论证的形式有效性或形式无效性，你就必须先能够看懂真值表。在 2.1 节中，你将学到看懂真值表的方法。在 2.2 节中，我们会提供构建真值表来

---

① 为了便于辨析该词所指为竖直方向还是水平方向，作者提供了一种记忆方法，即联想神庙的柱子和报纸的专题栏，这二者都是竖直的。（这里"列"的英文单词为"column"，同时有"柱子"和"栏"的意思。——译者注）

表示陈述以及由陈述构成的论证的方法。在 2.3 节中，我们将举出一些例子来展示如何构建和看懂真值表。

2.1 如何看懂真值表

在最后阶段，我们希望通过真值表来分析论证。我们知道，论证是由陈述构成的。真值表让我们能够检验构成论证的陈述的真（true）与假（false）所能产生的所有可能存在的组合。

让我们回到第 1 章中提过的一个例子，加以修改，使其变为一个论证："莫波喜欢玩玩具。莫波喜欢探索花园。所以，莫波喜欢玩玩具和探索花园。"这是一个非常简单的论证，它断言如果两个陈述本身都是真的，那么当它们结合起来所产生的断言也是真的。我们可以这样翻译简单陈述：

P ="莫波喜欢玩玩具。"

Q ="莫波喜欢探索花园。"

后面我们将学习更多关于逻辑运算符（在形式逻辑中用于表示陈述和论证的字母以外的符号）的内容。现在，我们就来认识一下简单的逻辑运算符"&"。用"&"表示"和"，就像我们在其他语境中所做的那样。我们现有的论证断言 P 是正确的，Q 也是正确的，所以 P&Q 是正确的（也就是说，两个陈述都是正确的）。我们可以用一个真值表来表示，就像这样：

前提一	前提二	结论
P	Q	P&Q
T	T	T
T	F	F
F	T	F
F	F	F

表中行水平排列，列竖直排列。一个“单元格”即位于列和行中特定位置的格子。这张表有 4 行（不包括标题所在行）、3 列、12 个单元格。正如你将在后面发现的那样，真值表可以有（几乎）任何数量的列，但这些表格的行只能以固定的有限数量存在。

真值表的第一行（最上面一行）仅用于标识它所代表的论证的部分，我们称为“标题行”。每个真值表都包含一个标题行。我们为每个简单陈述（在本例中为 P 和 Q）以及每一个复合陈述（“P&Q”是此表中的一个复合陈述）单独创建一个列（复合陈述将一个或多个陈述与逻辑运算符组合在一起。我们将在第 3 章研究这些运算符如何发挥它们的作用），我们还为每个前提和论证的结论进行了标识，以便我们轻松地在表格中识别出它们。

值得注意的是，真值表的每一列不一定都代表论证中的前提或结论。有些列代表论证中的个别陈述，但不是前提或结论。但在上面的例子中，每一列都表示了一个前提或结论。关于这一点，稍后将提供更详细的讲解。

标题行下方每一行都包含 T 和 F。“T”代表“真”，“F”代表“假”。在古典逻辑（我们在这里学习的内容）中，陈述要么为真，要么为假，没有其他可能性。我们可能不知道某一陈述在论证中的真值。没关系！真值表探究了一个给定论证的真与假的所有可能组合，以确定其有效性或无效性。形式逻辑在确定这些可能性时的穷举性质是其最大的优点之一。

每一列表示一个给定陈述在一个论证中的可能真值。每一行都可以理解为论证中可能出现的特定真值组合。例如，上面示例真值表的第一行（标题行之下的第一行）表示所有陈述都为真的情况，最后一行则表示所有陈述都为假的情况。另外两行表示陈述为真和假的不同组合。

总的来说，表格中的每一行都表示我们正在研究的论证中简单陈述的真值可能存在的组合形式。无论何时，真值表中只有一行与现实相对应（准确表示世界的状态），但真值表包含所有从逻辑角度来讲可能存在的真值组合情况。例如，真值表第二行（标题行之下的第二行）表示的情况就是“莫波喜欢玩玩具”为真，“莫波喜欢探索花园”为假，“莫波喜欢玩玩具和探索花园”为假。

2.2 构建真值表的基本规则

尽管真值表可能看起来很复杂，实际上构建真值表是相对简单的。要想为任意给定的论证构建真值表，请遵从以下规则：

（1）识别出论证中的所有陈述。

如果给定的论证是由自然语言构成的，需要按照第1章给出的方法将陈述进行符号化。

（2）创建一个标题行。

从左开始，为论证中的每一个陈述创建一个列。要记住，每一个简单陈述都是由不同的字母表示的，所以你需要为每一个字母设一个列。

（3）为论证中的每一个复合陈述添加额外的列。

要知道，一个复合陈述是指包含逻辑运算符或一个以上简单陈述的任何陈述。在翻译完一个论证后，分辨简单陈述和复合陈述是非常容易的，因为每个简单陈述都是由一个字母表示的，而每个复合陈述都至少包含一个逻辑运算符（不是单独字母的符号）。复合陈述的符号化表示将会在第3章深入探讨。如果一个复合陈述包含其他复合陈述，请确保为每一个独立的复合陈述和它们的合并形式都单独设列（稍后将详细介绍）。

（4）在真值表的最上方标注每个前提和结论。

（5）确定真值表需要的行数。

一个真值表除了标题行还需要额外的2^n行，这里n表示的是论证中简单陈述的个数。例如，除标题行外，一个具有三个简单陈述的论证需要添加2^3行（也就是8行）；一个具有四个简单陈述的真值表需要增加2^4行（也就是16行）。

（6）在每个代表简单陈述的列的每个单元格中填入该简单陈述的真值。

在最左边一列的简单陈述下方，将一半的单元格填入T，并将剩下的一半填入F。来到下一列（右侧），将你每次连续输入的T或F的数量减半，交替输入直到将该列填满。每向右移动一列，每一次连续输入的T或F的数量都会减半，但是要将每列填满，这样最终得到的表格每一列都填满了T和F，并且最后一列T和F会交替出现。

例如，如果表格的第一列包含四个T和四个F，那么你的第二列应该是先出现两个T和两个F，紧接着又是两个T和两个F。第三列则是T与F交替出现。

填充每个简单陈述所表示的列是个机械的过程：填充这些列的单元格的模式永远不会发生变化。我们只需要记住每向右移动一列就要将一次输入的T或F的个数减半。最左边的列总是一半为T，另一半为F，其中不会发生交替，而最后一列的单元格始终在T与F之间来回交替。

（7）在每个代表复合陈述的列的每个单元格中填入该复合陈述的真值。

一旦我们填完了真值表中每个简单陈述的真值，我们就可以着手填入复合陈述的真值了。这一过程将会在第 3 章进行讲解。

2.3　真值表示例

我们来创建几个真值表作为示例吧！为此，我们需要示例论证。当写一个我们希望测试有效性的论证时，需要将论证的每一步进行编号。在最后一步，需要用符号“∴”表示“所以”，来标识这段论证的结论。以下是一个很简单的示例论证，它的符号化形式如下：

1. P
2. ∴ Q

对于第一个例子，我们就用这个论证：“马特正在玩电子游戏。因此，马特是快乐的。”现在，我们就将根据 2.2 节提供的规则创建一个真值表，来表示这个论证。

（1）识别出论证中的所有简单陈述。

现在我们拥有了一个论证。第一步就是确定其中简单陈述的数目。如果你从一个由自然语言构成的论证着手将论证符号化，就需要确定它包含多少个简单陈述。如果你从一个已经符号化的论证开始，那么你需要确定论证中使用了多少个不同的字母。在例子中，有两个简单陈述，我们可以用字母P和Q来表示：

P＝“马特正在玩电子游戏。”

Q＝“马特是快乐的。”

（2）创建一个标题行。从左开始，为论证中的每一个简单陈述创建一个列。

第二步就是设一个包含这些简单陈述的标题行。标题行最初看起来会是这个样子：

P	Q

（3）为论证中的每一个复合陈述添加额外的列。

第三步就是确定论证中有多少个复合陈述，并为每个复合陈述在标题行中添加额外的列。示例论证中没有复合陈述，所以我们无须增加额外的列。

（4）在真值表的最上方标注每个前提和结论。

第四步就是标注论证中的前提和结论。记住，不是标题行的每个单元格都必须被标为前提或结论，但是论证中的每个前提和结论必须在标题行的对应单元格上方标出。我们的例子有一个前提和一个结论：

前提一	结论
P	Q

（5）确定你的真值表需要的行数。

第五步就是在真值表中添加额外的行[1]。我们需要 2^n 行，n 等于简单陈述的数目。我们的论证有两个简单陈述（P 和 Q），所以我们需要 $2^2=4$ 行。现在，我们把这些行添加到表中：

前提一	结论
P	Q

（6）在每个代表简单陈述的列的每个单元格中填入该简单陈述的真值。

现在我们已经有真值表的基本结构了，需要按照上述方法将每个简单陈述的真值填入对应的列，这就是第六步了。在第一列（表示陈述 P 的一列）中，我们先将前一半的行填入 T，再将后一半的行填入 F：

① 提示：真值表中增加的行数总是偶数。可能的行数依 2、4、8、16、32、64、128、256 等排序。

前提一	结论
P	Q
T	
T	
F	
F	

完成之后，就来到下一列，这里右侧列表示的是陈述 Q。我们将每次输入的 T 或 F 的数量减半并将这一列填满（填入一个 T 后再填入一个 F，重复这一过程，直至将该行填满为止）：

前提一	结论
P	Q
T	T
T	F
F	T
F	F

如果真值表含有表示复合陈述的列，我们需要在其中填入真值作为第七步，也就是最后一步。然而，因为示例中的真值表只包含简单陈述，所以我们已经完成对该真值表的构建了。一旦你填完了真值表中的每一个单元格，你就完成了整个真值表的构建过程，并可以继续检验

所代表论证的有效性。我们会在第 5 章学习如何做到这一点。

在继续之前，我们按照复杂度递增的顺序再来看两个示例真值表。接下来，我们就来构建一个表示以下论证的真值表：

P

Q

∴ R

第一步是确定这个论证中有多少个简单陈述。我们的示例论证中有三个简单陈述：P、Q 以及 R。

第二步就是设一个含有这三个简单陈述的标题行。我们的标题行最初会是这样的：

P	Q	R

第三步就是确定这个论证中有多少个复合陈述，并为每个复合陈述在标题行中增加对应的列。示例论证中没有复合陈述，所以我们不需要在表中增设额外的列。

第四步是标识出论证中的前提和结论（要记住不是每一列都要被标为前提或结论，但每个前提或结论一定要在标题行上方标出）：

前提一	前提二	结论
P	Q	R

第五步则是在真值表中添加行。我们需要 2^n 行，n 等于简单陈述的数目。我们的真值表有三个简单陈述（P、Q以及 R），所以我们需要 $2^3 = 8$ 行。我们把这些行加入表格中：

前提一	前提二	结论
P	Q	R

现在我们已经有真值表的基本结构了，还需要进行第六步，即将每个简单陈述对应的真值填入单元格。在第一列（表示 P 的一列）中，我们先将前半列填入 T，再将剩余半列填入 F：

前提一	前提二	结论
P	Q	R
T		
T		
T		
T		
F		
F		
F		
F		

完成之后，我们来到下一列（表示 Q 的一列）。将每次输入的 T 或 F 的数量减半并将这一列填满（填入两个 T 后再填入两个 F，重复这一过程，直至将该列填满为止）：

前提一	前提二	结论
P	Q	R
T	T	
T	T	
T	F	
T	F	
F	T	
F	T	
F	F	
F	F	

还有一列表示简单陈述 R，所以需要用 T 和 F 把它填满。同样地，我们将每次输入的 T 或 F 的数量减半并将这一列填满。因为在表示 Q 的列中我们每次输入两个 T 或 F，所以在这一列，我们将会把 T 和 F 交替填入单元格：

前提一	前提二	结论
P	Q	R
T	T	T
T	T	F
T	F	T
T	F	F
F	T	T
F	T	F
F	F	T
F	F	F

如果真值表中有任何列表示复合陈述，我们现在就需要填入真值。然而，由于真值表只包含简单陈述，所以我们现在已经完成对该真值表的构建了。

现在，我们来构建一个含有复合陈述的真值表。我们会在第 3 章学习如何填写复合陈述的真值，不过我们可以根据现有的知识先构建真值表中除复合陈述之外的其他部分。以下是一个示例论证：

P&Q

Q → R

P ∨ R

Q ↔ R

∴ –R

我们要做的第一步就是确定这个论证中简单陈述的数目。示例论证中有三个简单陈述（P、Q 以及 R）。记住，一个字母表示一个简单陈述，所以无论这个论证有多复杂，我们只需数出有多少个不同的字母就能判断出真值表中要包含多少个简单陈述了。因为这里简单陈述的数目与上一个例子中的一样，所以我们构建真值表的前期工作与前面是重复的。

第二步是为这些简单陈述构建标题行。我们的标题行在初期会是这样的：

P	Q	R

第三步就是明确论证中复合陈述的数目并为每个复合陈述在标题行中添加对应的列。在示例中，我们有五个这样的陈述："P&Q""Q → R""P ∨ R""Q ↔ R""∴ –R"。我们知道这些陈述是复合陈述，因为它们含有逻辑运算符（"&""→""∨""↔""–"），这一点我们会在第 3 章讨论。这些陈述还包含多个字母，这是复合陈述的另一个特点。

现在，让我们在标题行中添加这些额外的条目：

P	Q	R	P&Q	Q → R	P ∨ R	Q ↔ R	–R

第四步是标识出论证中的前提和结论（要记住不是每一列都要被标为前提或结论，但每个前提或结论一定要在标题行的对应单元格上方标出）：

			前提一	前提二	前提三	前提四	结论
P	Q	R	P&Q	Q → R	P ∨ R	Q ↔ R	–R

第五步则是在真值表中添加行。我们需要 2^n 行，n 等于简单陈述的数目。我们的真值表有三个简单陈述（P、Q 以及 R），所以我们需要 $2^3 = 8$ 行。我们把这些行加入表格中：

			前提一	前提二	前提三	前提四	结论
P	Q	R	P&Q	Q → R	P ∨ R	Q ↔ R	–R
P	Q	R	P&Q	Q → R	P ∨ R	Q ↔ R	–R

			前提一	前提二	前提三	前提四	结论

现在已经有真值表的基本结构了。在第六步中，我们会将每个简单陈述对应的真值填入单元格。下表显示了完成这一步的状态：

			前提一	前提二	前提三	前提四	结论
P	Q	R	P&Q	Q→R	P∨R	Q↔R	–R
T	T	T					
T	T	F					
T	F	T					
T	F	F					
F	T	T					
F	T	F					
F	F	T					
F	F	F					

现有的表格显示了P、Q和R所有可能的真值组合。在标题行之下的第一行中，三个陈述全都为真，而在最后一行它们全部为假，中间的行则逐一展开了真值的不同组合形式。总体来看，每一行都代表了这三个简单陈述可能出现的真值组合。

到这里，我们就来到了第七步，来为复合陈述填入真值。然而，要做到这一点，我们需要理解复合陈述的工作原理（真值函数）。我们会在第 3 章着重讨论。

2.4 练习

（1）真值表能够确定或表现什么（构建真值表的意义是什么）？

（2）什么是“真值”？陈述可能具有的真值有哪些？

（3）构建真值表所需的七个步骤是什么？

（4）除标题行外，一个真值表是否具备出现行数为奇数的可能？为什么能？或者为什么不能？

（5）一个真值表是否具备出现列数为奇数的可能？为什么能？或者为什么不能？

第3章 逻辑运算符

逻辑运算符（也称“逻辑连接词”）是古典逻辑的基石。在陈述逻辑中，陈述本身无法构成论证，而论证则包含陈述与逻辑运算符（简称“运算符”）。简单陈述由运算符连接。有五个基本运算符：否定、合取、析取、蕴含和双条件。在本章中，我们将学习每种运算符的工作原理，以及如何把它们表示在真值表中。在此过程中，我们将学习构建真值表的第七步，为复合陈述填入真值。

在开始研究运算符本身之前，先来了解几个概念，这会帮助我们理解这些运算符。我们把运算符连接的内容称为逻辑单位（logical unit）。在它们最基础的功能中，运算符可以修饰或者连接简单陈述，从而构成复合陈述。然而，运算符也可以修饰或连接复合陈述，从而构成更加复杂的复合陈述。因此，逻辑单位既可以是简单陈述，也可以是复合陈述。我们会在第 4 章中看到如何用括号连接非常复杂的复合陈述。

所有的运算符都是与特定数量的逻辑单位一起运作的。否定是一个一元运算符，而合取、析取、蕴含和双条件都是二元运算符。这意味着否定作用于一个逻辑单位，而合取、析取、蕴含以及双条件都连接着（作用于）两个逻辑单位。虽然 P 和 Q 将在以下章节中作为示例使用，但可以将其替换为任何逻辑单位，即无论运算符作用于什么陈述，它们都以相同的方式发挥作用。

3.1 否定

- 典型的中文[①]表达：“不”
- 用符号“–”表示

否定（negation）是一个在日常语言中经常遇到的运算符。否定告诉我们被否定的陈述是错误的。否定是一个一元运算符，因为它作用于单个逻辑单位。否定告诉我们直接跟随它的逻辑单位是错误的。在本书的剩余部分，我们用符号“–”表示否定[②]。

---

① 原文为“典型的英语表达”。——译者注

② 表示运算符的符号原则上是任意的。不同的逻辑系统可能会使用不同的符号来表示完全相同的运算。对于其他常用的符号，请参阅在线补充资料。

我们来用我的狗举个例子，它的名字是尤达。尤达不喜欢被淋湿。我们可以很容易地使用否定来表示这个事实。设简单陈述 P 为“尤达喜欢被淋湿”。如果否定 P，那么我们就断言 P 为假。在自然语言中，我们可以用多种方式表达否定，如“尤达喜欢被淋湿是错误的”或“尤达不喜欢被淋湿”。否定很简单，但在陈述逻辑中极其重要。我们可以用一个非常简单的真值表来表示否定：

否定真值表

P	–P
T	F
F	T

正如你在表格中看到的那样，P 和 –P 是相反的。当 P 为真时，–P 为假；当 –P 为真时，P 为假。用上面的例子，让 P 表示“尤达喜欢被淋湿”。当 P 为真时，“尤达喜欢被淋湿”就是真的。如果 P 为假，那么 –P 就为真：尤达喜欢被淋湿是假的（尤达不喜欢被淋湿）。–P 是 P 的否定，所以如果 P 意味着“尤达喜欢被淋湿”，–P 就表示“尤达不喜欢被淋湿”。当 –P 为真时，“尤达不喜欢被淋湿”就是真的。当 –P 为假时，“尤达不喜欢被淋湿”就为假（尤达喜欢被淋湿）。这个例子向我们展示了一个假的陈述等于一个真陈述的否定，反之亦然。

上面的否定真值表向我们展示了 P 的真值如何决定 –P 的真值。

作为一项规则，我们需要将已经符号化的简单陈述处理为肯定形式，即若某一陈述为假，则将该陈述否定。例如，“阿什利没有看新上映的星球大战”需要符号化处理为A＝“阿什利看了新上映的星球大战”，然后将其否定为“–A”。

3.2 合取

- 典型的中文表达：“和”
- 用符号“&”表示

合取（conjunction）将两个逻辑单位结合在一起。这使得合取成为一个二元运算符。由合取连接的逻辑单位被称为合取项（conjuncts）。合取用常用词“和”（and）来表示。例如，“卡尔和尤达出去散步并闻了闻花香”就包含合取。这个句子有两个简单陈述——“卡尔和尤达出去散步”和“卡尔和尤达闻了闻花香”——并且由“和”连接（请注意，“卡尔和尤达”在这里不存在合取，详见下文）。当我们将陈述以这种方式连接时，就断言这两个陈述都是真实的。我们将合取运算符记为“&”。我们可以将上面的句子进行符号化，就像这样：

P＝“卡尔和尤达出去散步。”

Q＝“卡尔和尤达闻了闻花香。”

P&Q

“P&Q”应被读作“P 为真且 Q 为真”。合取只是断言两个合取项都是真实的。我们可以用真值表来表示“P&Q”为真的情况：

合取真值表

P	Q	P&Q
T	T	T
T	F	F
F	T	F
F	F	F

当“P&Q”为真时，可能出现的情况只有一种。“P&Q”仅在标题行之下的第一行为真，因为那是唯一一行 P 和 Q 都为真的。在任何情况下，如果 P 和 Q 中至少有一个是假的，那么它们的结合为假。本章提供的真值表是定义性的，即这些真值表根据它们的逻辑单位的真值来定义运算符的功能。一旦知道了这些运算符为真的条件，你就可以在任何一个表示论证的真值表上确定它们的真值。

回到前面提到的一点，在自然语言中使用“和”的特殊情况值得注意。“卡尔和尤达出去散步。”这个句子是简单陈述吗？刚刚掌握了合取，你可能会想把它符号化为两个相连的简单陈述（“卡尔出去散步”和“尤达出去散步”）。但那句话可能不是这个意思，它的意思是他们一起出去散步。“卡尔和尤达出去散步”也许还可以重述为“卡尔散步时尤达和他在一起”。现在，我们避免了将这个陈述看作一个合取陈述而不是简单陈述。理解这种细微差别是将陈述准确地进行符号化并有效评估论证的关键[①]。

3.3 析取

- 典型的中文表达：“要么……要么……”
- 用符号“∨”表示

析取（disjunction）是英语口语中的另一常见特征，并且通常用“要么……要么……”表示。析取的符号化形式为符号“∨”。析取将两个逻辑单位（析取项）相连，因此是一个二元运算符。析取运算符表示至少一个析取项是真实的。析取真值表就可以说明这一点：

析取真值表

P	Q	P∨Q
T	T	T
T	F	T
F	T	T
F	F	F

① 关于英语中“and”与“&”不完全匹配的另一种情况，请参阅在线补充资料。

如你所见，只有当两个析取项都为假时，作为结论的析取陈述才会是假的。当存在至少一个析取项为真时，该析取陈述即为真。

在自然语言中，析取的作用有时与自然语言中的情况有所不同。例如，在自然语言中，当说“你可以选择吃豌豆或胡萝卜”时，意思是“你可以选择吃豌豆或胡萝卜，但不能同时吃豌豆和胡萝卜”。这种析取被称为排他性析取（exclusive disjunction），即“或”意味着一个或另一个，而非两者。但在陈述逻辑中，当我们用“∨”表示“要么……要么……”时，我们指的是“这个或那个，或者这个和那个”。这种析取被称为包含性析取（inclusive disjunction）。

我们可以用另一个例子说明析取的使用：“要么尤达在打盹儿，要么尤达在花园。”在日常情境中，我们可能倾向于把这句话理解为“要么尤达在打盹儿，要么尤达在花园，但不能两种情况同时存在”。然而，在陈述逻辑中这个陈述是包含性的：“尤达在打盹儿或在花园，或者尤达在打盹儿且在花园（尤达在花园里打盹儿）。”

用普通语言表达的陈述是包含性析取还是排他性析取是一个语境问题。在刚才给出的例子中，可能存在尤达从不在花园里打盹儿的情况。在这种情况下，析取就是排他性的。有些时候，判断析取是否为排他性非常容易，比如当两个析取项都为真时产生了矛盾或者不可能性。例如，“今天不是星期二就是星期四”。如果这句话的意思是包含性的，那么说出这句话的人就允许存在同一天既是星期二又是星期四的情况，这显然不成立。在第 4 章中，我们可以通过结合多种运算符来形成排他性析取。在 4.2 节详细讨论排他性析取之前，我们可以简单地将包含性析取称为“析取”。

3.4 蕴含

- 典型的中文表达：“如果……那么……”
- 用符号“→”表示

蕴含陈述（implication statement）（通常称为“条件陈述”）也表示两个逻辑单位之间的关系，因此蕴含是一个二元运算符。当讨论因果序列或规则时，我们经常提到蕴含。例如，“如果你打开开关，灯就会亮”，以及“如果你考试作弊，你就会被惩罚”。蕴含的另一种使用体现的是一个事实对另一事实的依存关系：“如果山姆去了派对，伊尔玛也会去。”

由蕴含陈述连接的两个逻辑单位被称为前件（antecedent）和后件（consequent）。在陈述“P → Q”中，前件是第一个逻辑单位，也就是表示“如果”的部分（P），而后件则是第二个逻辑单位，也就是“那么”的部分（Q）。这意味着“如果 P 那么 Q”。在自然语言中，有时前件不在最前面出现。在“伊尔玛会去派对如果山姆去的话”中，“如果”的部分出现在第二位。这个句子可以重述为“如果山姆去了派对，伊尔玛也会去”。因此，符号化后的陈述可以包含以上两种情况：使用明显的人名首字母，S（山姆的首字母）→I（伊尔玛的首字母）。用自然语言表达的陈述无法通过前后顺序表示哪个逻辑单位是前件，哪个是后件，重要的是两个逻辑单位之间的逻辑关系，而这又是由逻辑单位之间的真值关系决定的。

蕴含陈述的真值表比我们之前见过的其他真值表要复杂一些：

蕴含真值表

P	Q	P→Q
T	T	T
T	F	F
F	T	T
F	F	T

请注意，只有在一种情况下，蕴含陈述才会为假：当且仅当前件为真且后件为假时，蕴含陈述为假。蕴含陈述以这种方式运作是因为其声称“如果前件为真，那么后件也必须为真”。例如，如果山姆去派对但伊尔玛没去，那么上面的蕴含陈述就为假。

需要注意的是，一个蕴含陈述的真值完全由前件和后件的真值决定。这意味着蕴含陈述通常并不完全符合我们对这些陈述何时为真的直观理解。例如，表格的标题行之下的第三行和第四行可能看起来令人困惑。你可能会问：为什么只要前件为假，后件就为真？因为蕴含陈述读作“如果前件为真，那么后件也必须为真”，这些陈述并没有提到前件为假的情况。例如，如果山姆没去派对，伊尔玛可能会去，也可能不会去。这里的蕴含陈述没有承诺任何结果。那么，当两个人都不去，或者只有山姆不去时，这个蕴含陈述是真实的还是虚假的？在普通语言中这一点并不明确，但由于陈述必须为真或假，因此（出于我们在这里不会讨论的原因）逻辑学家认为，当前件为假时，蕴含陈述为真——或者，无论何种情况，当后件为真时，蕴含陈述也为真[①]。

3.5 双条件

- 典型的中文表达：“当且仅当”
- 用符号“↔”表示

双条件（biconditional）是我们的最后一个运算符，也是一个二元运算符。我们用双箭头（↔）表示双条件。双条件通常表述为“当且仅当”。双条件声称两个逻辑单位都为真或两个逻辑单位都为假。举个例子：

（P）乔是个单身汉当且仅当（Q）乔是未婚男性。

---

① 关于蕴含陈述看似违背直觉的本质的更详细解释，可以在本书的在线补充资料中找到。

意思就是说：

如果（P）乔是个单身汉，那么（Q）他是未婚男性。

以及

如果（P）乔是未婚男性，那么（Q）他是个单身汉。

两个简单陈述要么都为真，要么都为假。

以下是双条件的定义性真值表：

双条件真值表

P	Q	$P \leftrightarrow Q$
T	T	T
T	F	F
F	T	F
F	F	T

从真值表中可以看出，只有当两个逻辑单位的真值相同时，双条件才是真实的。

正如前面所见，蕴含陈述并不总是能充分捕捉到在中文中包含“如果”的语句所表达的意思。例如，乔问汤姆是否要来参加派对。汤姆回答道：“是的，如果我在今晚之前能完成我的工作的话。”如果把汤姆的话理解为蕴含陈述（$P \rightarrow Q$），那么如果汤姆没有完成工作，他既可能去派对，也可能不去。如果他的工作没有完成，那么这个蕴含陈述的前件就是假的，也就意味着我们没有任何关于后件是真实还是虚假的信息。但是，汤姆的意思显然是，如果他的工作完成了，他就会参加聚会，如果没有完成，就不会参加（P ↔ Q）。将汤姆的“如果”理解为“当且仅当”很好地捕捉到了这句话的含义。

3.6 回顾真值表示例

回想一下我们在第 2 章中学习的真值表示例。我们可以填补之前必须留空的单元格了。还是这个例子：

			前提一	前提二	前提三	前提四	结论
P	Q	R	P&Q	Q → R	P ∨ R	Q ↔ R	–R
T	T	T					
T	T	F					
T	F	T					
T	F	F					
F	T	T					
F	T	F					
F	F	T					
F	F	F					

我们可以按照合取的规则填写第四列。从每一行开始

阅读，检查 P 和 Q 是否都为真，然后相应地填写“P&Q”列中每个单元格的真值。请记住，只有当两个合取项都为真时，合取才为真。在其他任何情况下，合取都为假。填完这一列的每个单元格后，第四列看起来就会是这样：

			前提一	前提二	前提三	前提四	结论
P	Q	R	P&Q	Q → R	P ∨ R	Q ↔ R	–R
T	T	T	T				
T	T	F	T				
T	F	T	F				
T	F	F	F				
F	T	T	F				
F	T	F	F				
F	F	T	F				
F	F	F	F				

注意，“P&Q”仅在标题行之下的第一行和第二行成立，因为只有这两行 P 和 Q 同时成立。由于 R 不是 P 和 Q 的一部分，R 的真值与确定 P&Q 的真值完全无关。

我们可以用同样的方法填完剩余的列，即逐行阅读，查看构成复合陈述的逻辑单位的真值。下一列表示复合陈述 Q → R。我们可以逐行读取 Q 和 R 的真值来填充该行内所有的单元格。请记住，只有当前件（在这里是 Q）为真，而后件（在这里是 R）为假时，蕴含陈述（Q → R）才为假。我们检查每一行，哪一处 Q 为真且 R 为假，我们就将 Q → R 记为假。其他所有行我们都标记为真：

			结论	前提一	前提二		
P	Q	R	P&Q	Q → R	P ∨ R	Q ⟷ R	–R
T	T	T	T	T			
T	T	F	T	F			
T	F	T	F	T			
T	F	F	F	T			
F	T	T	F	T			
F	T	F	F	F			
F	F	T	F	T			
F	F	F	F	T			

下一列表示 P ∨ R。只有当两个析取项（在这种情况下为 P 和 R）都为假时，这个复合陈述才为假。我们逐行阅读来检查 P 和 R 的真值，然后根据这些真值填写 P ∨ R 的真值：

			结论	前提一	前提二		
P	Q	R	P&Q	Q → R	P ∨ R	Q ⟷ R	–R
T	T	T	T	T	T		
T	T	F	T	F	T		
T	F	T	F	T	T		
T	F	F	F	T	T		

结论　前提一　前提二　　　　续表

P	Q	R	P&Q	Q → R	P ∨ R	Q ↔ R	–R
F	T	T	F	T	T		
F	T	F	F	F	F		
F	F	T	F	T	T		
F	F	F	F	T	F		

下一列表示 Q ↔ R。当两个由运算符连接的逻辑单位都为真或假时，双条件陈述为真。而当两个逻辑单位的真值不一致时，双条件陈述为假。Q ↔ R 在 Q 为真而 R 为假时是虚假的，反之也为假。现在我们来填入真值：

结论　前提一　前提二

P	Q	R	P&Q	Q → R	P ∨ R	Q ↔ R	–R
T	T	T	T	T	T	T	
T	T	F	T	F	T	F	
T	F	T	F	T	T	F	
T	F	F	F	T	T	T	
F	T	T	F	T	T	T	
F	T	F	F	F	F	F	
F	F	T	F	T	T	F	
F	F	F	F	T	F	T	

最后一列表示 –R。只要被否定的逻辑单位为假，否定即为真。在这种情况下，每当 R 为假时，–R 即为真，反

之 –R 为假。我们将横向读取每一行并将对应的真值填入单元格来填充 –R 的真值：

			结论	前提一	前提二		
P	Q	R	P&Q	Q → R	P ∨ R	Q ⟷ R	–R
T	T	T	T	T	T	T	F
T	T	F	T	F	T	F	T
T	F	T	F	T	T	F	F
T	F	F	F	T	T	T	T
F	T	T	F	T	T	T	F
F	T	F	F	F	F	F	T
F	F	T	F	T	T	F	F
F	F	F	F	T	F	T	T

现在我们已经完成这个真值表了！请记住，3.1 节至 3.5 节中的真值表都是定义性的，即它们定义了每种复合陈述在什么情况下为真或假。本节给出的真值表提供了一个示例，说明如何在真值表上确定每种复合陈述的真值。如果本节所采取的任何步骤看起来令人困惑，请考虑重新阅读前文各节中有关运算符的讨论。

3.7 练习

（1）根据记忆重新构建否定真值表。

（2）根据记忆重新构建合取真值表。

（3）根据记忆重新构建析取真值表。

（4）根据记忆重新构建蕴含陈述真值表。

（5）根据记忆重新构建双条件陈述真值表。

将以下句子翻译为符号形式。在适当的位置添加适当的逻辑运算符，以表达陈述之间的逻辑关系：

（6）“山姆去了公园，并且看见杰夫在那里。”

（7）“杰西卡和苏珊一起去了公园。”

（8）“如果菲尔没有开门，那么他一定不在家。”

（9）“你可以吃蛋糕或馅饼当作点心。”

（10）“一件家具是椅子当且仅当它被设计为可以坐在上面。”

（11）“哪里有烟，哪里就有火。”

（12）“艾哈迈德可以坐过山车、坐碰碰车，或者二者兼而有之。”

第 4 章　括号与合式公式

4.1　括号与合式公式

本节我们将介绍合式公式（Well–Formed Formula，WFF）的概念。WFF（通常发音为“woof”或“wiff”）就是根据我们正式语言的语法规则提出的陈述。就像自然语言中的句子必须遵循一定的（语法）规则，形式逻辑中的陈述也必须如此。例如，“尤达去了狗狗公园吃它的晚餐”这个句子在英语中就不是形式上正确的句子，因为这句话包含两个谓语和一个主语[①]。“尤达去了狗狗公园并且吃它的晚餐或者小睡了一会儿”这个句子也有问题，因为我们很难确定这句话的确切意思：它的意思到底是尤达去了狗狗公园并且吃它的晚餐或者尤达小睡了一会儿（而不是吃它的晚餐

---

① 原文为“Yoda went to the dog park ate her dinner.”。这句话译为中文可能语法问题并不突出，但在英语中，这句话有明显的语法错误。这个句子包含两个独立动作，但这两个动作之间没有任何适当的连词或标点符号连接它们。——译者注

并且去狗狗公园），还是尤达去了狗狗公园，然后吃它的晚餐或者小睡了一会儿（或者后两者都有）？当我们考虑其中涉及的运算符时，这两种表述有不同的真值条件。同样地，“P & Q ∨ R”在陈述逻辑中也不是一个合式公式，因为其并没有明确合取和析取应该从哪里开始与结束，或者它们应该连接哪些逻辑单位。

所有的简单陈述都是 WFF。连接适当数量逻辑单位的复合陈述也是 WFF。请始终记住，对于复合陈述来说，要成为 WFF，每个运算符都必须明确地与相应数量的逻辑单位相关联。

以下规则规范了 WFF 的形式：

（1）运算符必须连接适当数量的逻辑单位（否定连接一个，其他运算符连接两个）。

● 不允许出现“PQ”形式，但以下形式允许使用：“P&Q”“P ∨ Q”“P → Q”“P ↔ Q”。

● “P &”和“& Q”都是不被允许的，因为这时合取只连接了一个合取项。“P&Q”是允许的，因为这时合取连接了两个合取项。其他三个二元运算符（析取、蕴含和双条件）也适用于同样的规则。

● “P–Q”是不被允许的，因为否定是一个一元运算符，这意味着它只能作用于 Q，而我们没有其他运算符可以将 P 和 –Q 连接在一起。由于否定是一个一元运算符，任何简单陈述都可以被否定并形成一个 WFF（如“–P”）。

（2）两个二元运算符不能彼此相连，但否定可以直接出现在任何运算符后面，只要它出现在逻辑单位前。

- “P &∨ Q”不被允许，因为两个二元运算符不能连续使用。下面的例子也由于同样的原因不被允许：“P ∨& Q”“P→&Q”“P&→Q”“P ∨→Q”“P→∨ Q”“P↔&Q”“P↔→Q”。
- “P&-Q”是被允许的，因为否定可以紧随二元运算符（在本例中是合取）之后。
- “P-&Q”是不被允许的，因为在这里否定出现在二元运算符（在本例中是合取）之前。
- 允许出现“--P”，因为第二个否定出现在另一个运算符之后，在本例中，这个运算符恰好是另一个否定。

（3）括号（包括方括号和圆括号）内的任何内容都构成一个逻辑单位，当二元运算符直接位于括号之前或之后时，括号内的任何内容都是它的逻辑单位之一。括号必须成对出现。

- 由于否定是一个一元运算符，当其修饰括号内的逻辑单位时，否定必须位于该单位之前，并通过声称括号内的内容为假来有效否定整个逻辑单位。
- “（P&Q）&（R&S）”是一个 WFF。每个合取作用于两个逻辑单位，因为合取是一个二元运算符。每一组括号内的内容是一个根据上述规则形成的 WFF。然后，这些逻辑单位由它们之间的合取连接。
- “-（P ∨ Q）”是一个 WFF。括号内的整个逻辑单位被否定。

● “P →（Q” 不是 WFF，因为这里只有括号的一半。所有括号必须成对出现。任何具有奇数个括号的复合陈述都不是 WFF。

以下例子可以说明这些规则是如何运作的。这些例子都是 WFF：

P

P&Q

P&（Q&R）

P ∨ Q

P →（–Q ∨ R）

––––P ∨（Q → R）

以下公式都不是 WFF。回顾我们已经介绍过的规则，看看你能不能解释为什么：

P–&Q

PQ

P →（Q

P ∨&Q

P → QR

P ∨（Q&R → S）

前面介绍了 WFF 的规则，接下来我们更仔细地看看括号是如何发挥作用的。方括号和圆括号在陈述逻辑中像在数学中使用一样：用来明确如何阅读某些表达式。括号有时被分别称为“方括号”（square brackets）以及“圆括号”（round brackets）。两种括号看起来是这样的：“[ ]”和“( )”。为了简化，我们将这两种括号合称为“括号”。

括号内包含的任何内容都构成一个逻辑单位，可以使用多组括号来构成包含多个逻辑单位的复合逻辑单位（就像单个系统可以包含多个子系统，每个系统都有自己的一部分一样）。在前面的章节中，我们只将简单陈述与逻辑运算符连接起来。然而，只要连接正确数目的逻辑单位（否定为一元运算符，其他为二元运算符），逻辑运算符就可以对复合陈述进行修饰。

不使用括号会导致不确定性。比如前面所举的例子，如果我们写“P & Q ∨ R”，那么确切含义是不明确的。我们知道，合取和析取都是二元运算符，每个复合陈述中应该只有两个逻辑单位，然而这里有三个。结果是，由于每个运算符都必须连接两个逻辑单位，所以上面这个公式没有形成合式公式。

到底是 P 和 Q 构成一个逻辑单位，意味着析取项分别是“R”和“P 和 Q”，还是 P 作为合取项单独存在，而“P 或 Q”是另一个合取项？括号的使用有助于明确符号陈述的确切含义。因为这些加括号的陈述是 WFF——它们是无歧义的。

（P&Q）∨ R

P&（Q ∨ R）

如上所述，这两个复合陈述有两组不同的真值条件，我们可以用一个真值表清楚地表示这两种情况：

P	Q	R	P&Q	（P&Q）∨ R	Q ∨ R	P&（Q ∨ R）
T	T	T	T	T	T	T
T	T	F	T	T	T	T
T	F	T	F	T	T	T
T	F	F	F	F	F	F
F	T	T	F	T	T	F
F	T	F	F	F	T	F
F	F	T	F	T	T	F
F	F	F	F	F	F	F

我们可以看到，（P&Q）形成了一个复合陈述，其中 P 和 Q 是合取项。这个合取作为嵌入析取中的一个逻辑单位。在复合陈述“（P&Q）∨ R”中，复合陈述（P&Q）作为一个析取项，而 R 作为另一个析取项[①]。

在向复合陈述添加括号时，我们必须小心确保添加的括号对构成合式公式是必要的。例如，P 和（P）、–P 和（–P）、P&Q 和（P&Q）之间没有逻辑差异。但（P&Q）∨

① 有关这些陈述的真值表的更详尽解释，请参考本书的在线补充资料。

R 和 P&（Q ∨ R）之间存在逻辑差异。一般来说，我们只在需要的地方添加括号，并且需要括号体现哪些逻辑单位由运算符修饰。当一个运算符直接位于一组括号之前或之后时，那组括号中的所有内容都充当该运算符修饰的逻辑单位之一。

在本书的剩余部分，圆括号（parentheses）将作为默认符号括出陈述。当出于清晰目的要用到多于一组括号时，方括号和圆括号要交替使用。例如，P&（Q ∨［R →（S ↔ T）］）。

关于括号的使用还有一个注意事项：括号前的否定否定了括号内的逻辑单位。–P 只意味着 P 为假。如果出现（–P&Q），那么表示的是 P 不是真实的（P 为假）而 Q 是真实的。然而，–（P&Q）意味着 P&Q 是假的，即不存在 P 和 Q 都为真。为了了解括号的这种放置方式会产生什么不同（也是为了练习构建真值表），我们来画一个真值表，并让标题行包含每一列代表的陈述：P、Q、–P、（–P&Q）、（P&Q）、–（P&Q）。完成之后，将你的答案与下面的真值表进行比较：

P	Q	–P	–P&Q	P&Q	–（P&Q）
T	T	F	F	T	F
T	F	F	F	F	T
F	T	T	T	F	T
F	F	T	F	F	T

很简单，对吧？一旦你掌握了括号的基本用法，逻辑学的广阔天地便向你敞开，你将能够深入探索其中的奥妙[①]。我们可以将复合陈述嵌入另一个复合陈述，然后再嵌入下一个复合陈述，真是一个美好的梦（或者是一场噩梦！）。

我们来看这件麻烦事的最后一个例子。在开始之前，有一个提示：在真值表中为论证包含的每个复合陈述添加一个列。这就包括为每个逻辑单位添加一个单独的列，包括较大复合陈述中的每个不同的复合陈述。一般来说，在填写过程中，随着来到右侧的下一列，你的陈述的复杂性也会随之增加。相对靠左的列应该都是简单陈述，随着列向右移动，每列应该包含越来越复杂的陈述。

这个提示并不是一个绝对的规则，因为在真值表上以不同的方式排列并没有技术上的错误。有时你会发现，通过更改列的顺序使在论证中相互关联的复合陈述分组在一起是很有帮助的。记住这个提示，让我们来看本节的最后一个例子：

1. P&（Q ∨［R → S］）
2. R
3. R → S

① 原文为“the world of logic is your oyster”，直译为“逻辑的世界是你的牡蛎”，这是一个表现无限可能的比喻。这个比喻源自英语谚语“the world is your oyster”，意思是“世界为你打开，你可以自由探索和获取”。——译者注

4. ∴ Q

这个论证的真值表表现形式如下：

	结论	前提二		前提三		前提一
P	Q	R	S	$R \rightarrow S$	$Q \vee (R \rightarrow S)$	$P \& (Q \vee [R \rightarrow S])$
T	T	T	T	T	T	T
T	T	T	F	F	T	T
T	T	F	T	T	T	T
T	T	F	F	T	T	T
T	F	T	T	T	T	T
T	F	T	F	F	F	F
T	F	F	T	T	T	T
T	F	F	F	T	T	T
F	T	T	T	T	T	F
F	T	T	F	F	T	F
F	T	F	F	T	T	F
F	T	F	F	T	T	F
F	F	T	T	T	T	F
F	F	T	F	F	F	F
F	F	F	T	T	T	F
F	F	F	F	T	T	F

哇哦！在读这个真值表的解释之前，花点儿时间看看

你能不能弄清这个表格是怎么构建的吧！

如果这个真值表对于你而言很好理解，那么你做得很好。如果你遇到什么困难，不要太担心。这个真值表比我们以前看过的任何例子都更难理解。我们来详细研究一下它的结构：

首先，我们的真值表上有四个简单陈述，每个陈述分别由一个不同的字母（P、Q、R 和 S）表示。回想一下我们之前提到的公式，在真值表中除标题行外，还需要 2^n 行，这就说明我们需要 2^4 行，也就是 16 行。

其次，这个真值表的一个复杂之处是，有一列表示的是蕴含嵌套在一个嵌入合取的析取中。但这个不难处理。请注意标题行中的陈述是如何从左到右一点点地构建这个复合陈述的。作为一项规则，我们需要添加所需的列来跟进论证中所有组成部分的真值，包括复合陈述中的各种逻辑单位，如 P&（Q ∨［R → S］）。还请记住上面的提示，对列进行排序，这样越向右内容的复杂性就会越高。

最后，不要忘记标注出前提和结论。虽然我们需要大量的信息来构建复杂的真值表，但在评估有效性和无效性时，我们只需要使用代表前提和结论的列。我们将在第 5 章讨论评估有效性和无效性的方法。

4.2　排他性析取

在 3.3 节中，我们讨论了包含性析取和排他性析取。在自然语言中，我们使用“或”的方式不同——有时意思是“包含性或”（P 或 Q 成立，或者 P 和 Q 都成立），有时意思是“排他性或”（P 或 Q 成立，但不同时成立）。析取运算符总是表示“包含性或”。但是在陈述逻辑中，我们也可以通过组合其他运算符和括号表示“排他性或”。请记住，从 3.3 节开始，排他性析取读作“这个或者那个，而不是这个和那个”。你能想到我们如何用五个基本逻辑运算符和括号表示这个复合陈述吗？自然语言的表述已经给我们提供了一些提示：我们将要用到析取、合取和否定。

让我们用 P 和 Q 来表示简单陈述中的“这个”和“那个”（它们本身真的可以是任何东西，因为这些词是代词）。我们需要一个析取，就像这样：

$$P \vee Q$$

接下来，我们需要表示不能让 P 和 Q 同时为真这个事实。回想一下本章中关于否定的讨论：当一个括号内的逻辑单位被否定时，我们只断言括号内的逻辑单位为假。因此，我们将“既不是这个也不是那个”表示为否定两者的合取，因为否定后的合取断言它们不能同时为真。否定后的合取是这样的：

$$-(P\&Q)$$

现在，我们需要将这两个复合陈述合并成一个将每个陈述作为单个逻辑单位的复合陈述。我们需要将这些陈述连接在一起，就像这样：

（P∨Q）&-（P&Q）

这种符号化形式的读法就是我们希望得到的形式。注意，否定适用于括号中的整个合取。整个复合陈述是一个WFF，因为主体的合取连接了两个逻辑单位，每个逻辑单位本身都是 WFF。否定修饰了主体合取中的第二个逻辑单位，因为它位于对应括号之外。我们的符号化形式声称“要么 P 是真的，要么 Q 是真的，要么两者都是真的，而 P 和 Q 都为真的说法是假的”。剩下可能的真值条件就是要么 P 为真，要么 Q 为真，但它们不能同时为真。我们来看看真值表上的真值条件：

		包含性			排他性
P	Q	P∨Q	P&Q	-（P&Q）	（P∨Q）&-（P&Q）
T	T	T	T	F	F
T	F	T	F	T	T
F	T	T	F	T	T
F	F	F	F	T	F

可以看到，排他性析取只有在 P 或 Q 中的一个为真时才是真的，当 P 和 Q 都为真时则不然，而这正是我们希望

在自然语言中领会到的。

就像前面提到的那样，学习形式逻辑的一个好处就是可以使我们的自然语言陈述更加准确。包含性析取和排他性析取在真值条件上的差异就是这种准确性的一个例子。陈述逻辑的五个基本运算符可以组合成各种复合陈述来体现真值之间的复杂关系，使得这个形式化系统一旦被掌握就会成为一个强大的工具。

4.3 练习

将下列语句转化为符号形式，必要时使用括号以准确体现其含义：

（1）“如果你在特里咖啡厅买一个甜甜圈，他们会免费给你一个松饼和一杯咖啡！”

（2）“你可以通过按空格键或鼠标左键推进演示文稿。”

（3）“今天再收到一个坏消息足以让我失去理智。”

（4）“露珊聪明、风趣，又很有才华。”

（5）“您可以喝汤、吃沙拉或薯条。我们有特惠，所以如果您愿意，可以三样都品尝。”

（6）“只要普利亚完成逻辑练习，而且天不下雨，她就会去杰罗姆的派对。”

（7）“申请人必须拥有学士学位才能胜任该职位。”

（8）“没有衬衫，没有鞋子，没有服务。”

（9）“明天要么是阴雨天，要么阳光明媚，但不会两者都有。”

（10）“只要胡安星期六有空闲时间，没有扭伤脚踝，并且乐意出去走走，他就会去深谷散步。”

第 2 部分

用真值表检验有效性

第 5 章　长真值表法

我们已经知道如何将自然语言翻译为符号形式，将这些陈述与运算符连接起来，以及构建真值表来表示它们组成的论证，现在我们就可以使用真值表测试论证的有效性和无效性。检验演绎论证有效性的真值表法有长真值表法（the long truth table method）和短真值表法（the short truth table method）。归根结底，这两种方法都试图找到一种可能的情况，在这种情况下一个论证的结论是错误的，而其所有的前提都是正确的。如果我们能找到这样的情况（由表中的某一行表示），那么这个论证无效。如果我们不能找到这种可能性，那么这个论证就是有效的。

为了能够理解短真值表法，你需要先理解长真值表法，因此我们将从研究长真值表法开始。在开始研究之前，我们将更详尽地讨论形式有效性，来明确真值表可以向我们展示什么。

5.1 有效性与可靠性

在使用形式逻辑时，我们要做的不是仅将语句符号化，而是要评估论证。回忆一下，论证是一系列陈述，其中一些陈述作为前提（premises），为作为结论（conclusions）的其他陈述提供原因、支持或解释。在演绎推理中，好的论证是一个拥有真实前提的形式有效（formally valid）论证。

形式有效性关注的是演绎论证的结构，而不是内容。正如第 1 章所述，当一个演绎论证形式有效时，这个论证具有以下特征：前提如果为真，则保证结论的真实性。换句话说，如果所有前提都为真，那么一个形式有效论证的结论不可能为假[①]。请注意，这句话的逆命题不成立！当一个形式有效论证的结论为真时，即使其中一个（或多个）前提为假，结论也有可能为真。在这种情况下，结论碰巧为真，与论证中提供的原因无关。当一个演绎论证形式上不具有有效性时，这个论证是形式无效（formally invalid）的。所有的演绎论证要么是形式有效的，要么是形式无效的。后面我们将这些术语简化为“有效”和“无效”。

① 你会注意到形式有效性受“如果一个形式有效论证的前提是真实的，那么该论证的结论也必须是真实的”这句话约束。

以下是无效论证的示例：

- “要么下雨，要么下雪。下雨了，所以下雪了。”
- “如果一个星期有八天，那么一年有十二个月。一个星期没有八天，因此一年有十二个月。”
- “如果鸽子是爬行动物，那么三角形有三条边。三角形有三条边，所以鸽子是爬行动物。”

上面的论证是无效的，因为即使前提是真实的但并不能保证结论的真实性。以下是有效论证的例子：

- “卡罗尔要么在打猎，要么在钓鱼。卡罗尔没有钓鱼，因此，卡罗尔在打猎。”
- “如果下雨了，那么琼有一把伞。下雨了，所以琼有一把伞。”
- “如果莫波在嚼树枝，那么莫波是快乐的。莫波不快乐，因此莫波没有嚼树枝。”
- “如果这本书的作者是外星人，那么多伦多在卡尔加里的西部。多伦多不在卡尔加里西部，所以这本书的作者不是外星人。”
- “如果地球有两个卫星，那么温哥华在温尼伯以东。地球有两个卫星，因此，温哥华位于温尼伯以东。”

以上都是有效论证，因为每个论证的前提的真实性保证了结论的真实性。最后一个例子很奇怪，因为地球有两个卫星是错误的。此外，围绕地球的卫星数量与温哥华和温尼伯的物理位置没有合理的联系。尽管有些奇怪，但最后一个例子包含一个有效论证，尽管它不是一个可靠的论证。请记住，即使前提错误，论证也可以是有效的[①]。

当一个演绎论证形式有效且前提为真时，这个论证是可靠的（sound）。在可靠论证中，前提的真值在结论中得到了"保持"。我们将有效论证称为"真值保持"（truth preserving），因为有效论证中的每一个推论都保持真值，即如果前提为真，那么结论也必须为真。形式无效的演绎论证是糟糕的演绎论证，因为它们没有保持真值，即前提的真值不一定在结论中得到保持，而保持真值正是演绎推理的全部目的。这有点儿像管道工程，我们希望演绎论证能让我们在一端得到我们在另一端放入的东西（水得到水，真值得到真值）。

真值表用于测试演绎论证的有效性或无效性。由于真值表检验构成论证的陈述可能具有的所有真值组合，因此真值表使我们能够查看是否存在可能的情况：其中论证的所有前提都为真，而结论为假。如果存在这种情况，则论证无效；如果没有，则论证有效。

正如第 1 章所讨论的，确定前提是否（可能）为真或为假是搞好论证的一个非常重要的部分。然而，形式逻辑

① 请参阅补充网站，了解一些关于有效性的奇怪事实。

本身通常并不能帮助我们进行这部分的论证。非形式逻辑更直接地关注前提是否为真（或可能为真），这就是形式逻辑和非形式逻辑都应该被视为独立推理者的宝贵工具的原因。

5.2　检验有效性的长真值表法

我们先来看一个例子：

“如果今天是周四，那么今天就不是周二。今天是周四，所以今天肯定不是周二。”

从直觉上看，这个论证是成立的。让我们看看真值表法是如何证实这一点的。首先，我们需要对这个论证进行翻译。翻译结果是这样的：

P =“今天是周四。”
Q =“今天是周二。”

接下来，我们需要添加逻辑运算符来构成论证的完整符号表示，结果如下：

1. P → –Q
2. P

3. ∴ –Q

现在，我们可以构建一个真值表来充分探索所有变量的可能真值条件：

前提二		结论	前提一
P	Q	–Q	P → –Q
T	T	F	F
T	F	T	T
F	T	F	T
F	F	T	T

请注意，我们在相应的列上方标注了前提和结论。当我们要检验有效性时，这一步至关重要。现在，我们已经有一个能够将论证表述出来的完整真值表，检验这个论证的有效性就变得非常容易。

回忆一下前面的内容，当前提的真实性确保了结论的真实性时，该演绎论证是有效的。这意味着，在有效的演绎论证中，每当结论为假时，至少有一个前提也必须为假。如果存在结论为假，而所有前提都为真的情况，那么这个论证就是无效的。我们可以按照以下步骤来检验真值表，看看这个论证是否符合上面的结论：

使用长真值表法的步骤：

（1）构建一个真值表，将待检验的论证进行完整图表化，以检验其有效性。

- 依照第 2 章的真值表构建规则进行操作。根据第 3 章和第 4 章的内容确定复合陈述的真值，并在符号化复合陈述时根据具体情况添加括号。

（2）找出结论为假的每一行。

- 只需要忽略结论为真的每一行。

（3）逐行阅读结论为假的每一行，并核对前提的真值。

- 如果发现某一行出现结论为假而前提全部为真的情况，该论证为无效论证。
- 如果没有发现这一情况，则该论证为有效论证。

可以看到，我们的示例论证是有效的。标题行之下的第一行和第三行的结论为假。在这两行中，至少一个前提为假（标题行之下的第一行中前提一为假，标题行之下的第三行中前提二为假）。这就是用长真值表法检验有效性的全部内容：在本书的前 4 章中，你已经掌握做到这一点所需的很多技能了。

真值表向我们展示了论证中真值的所有可能组合（请注意，我们目前还不关心前提的实际真值）。在知道一个给定的演绎论证有效时，我们仍然需要通过确定前提的实际真值来评估其可靠性。前面的示例论证一直有效，但它只在今天是周四的情况下才是可靠的。只有当论证可靠时，结论才会真正得到前提的支持，因而被证明为真。这种可靠性的评估不是真值表能帮助我们完成的。然而，通过向我们展示一个论证是有效的还是无效的，真值表法帮助我们确定是否值得花时间来判断相关前提是真实的还是虚假的。我们来看一个更复杂的例子。这是另一个论证：

“尤达不在地下室。如果尤达不在地下室，它一定是在打盹儿或在花园里。所以，尤达一定是在打盹儿或者在花园里。”

首先，我们需要将论证进行翻译。结果如下：

P =“尤达在地下室。”
Q =“尤达在打盹儿。”
R =“尤达在花园里。”

接下来，我们需要加入逻辑运算符来构成这个论证完整的符号化形式。结果如下：

1. $-P$
2. $-P \rightarrow (Q \vee R)$
3. $\therefore Q \vee R$

这个论证很有趣，因为这个结论向我们展现了一系列可能性，即 Q 或 R。我们将“或”理解为包含性析取。如

4.2 节所述，尤达可以在花园里打盹儿，所以 Q 和 R 可以同时为真。现在我们可以构建一个真值表来充分探索所有变量的可能真值条件：

			前提一	结论	前提二
P	Q	R	–P	Q∨R	–P→（Q∨R）
T	T	T	F	T	T
T	T	F	F	T	T
T	F	T	F	T	T
T	F	F	F	F	T
F	T	T	T	T	T
F	T	F	T	T	T
F	F	T	T	T	T
F	F	F	T	F	F

现在，我们来分析这个真值表的有效性。我们需要识别所有结论为假的行，然后逐行检查，看看是否有至少一个前提为假。现在请先停止阅读，自己尝试一下。

结论在标题行之下的第四行和第八行为假。前提一在标题行之下的第四行为假，前提二在第八行为假。因此，不存在结论为假而所有前提都为真的情况。看来我们有了一个新的有效论证。

在本章结束之前，我们来用长真值表法检验一个无效论证。我们将要测试的是上面提到过的一个无效论证：“要么下雨，要么下雪。下雨了，所以下雪了。”我们可以这样符号化这个论证：

R =“下雨了。”

S =“下雪了。”

1. R ∨ S

2. R

3. ∴ S

以下是这个论证的真值表：

前提二	结论	前提一
R	S	R ∨ S
T	T	T
T	F	T
F	T	T
F	F	F

为了检验论证的有效性，我们需要检验每个结论为假的行。在这个论证中，结论在标题行之下的第二行和第四行都为假。在标题行之下的第四行中，我们看到两个前提都为假。然而，在标题行之下的第二行，我们看到两个前提都为真，而结论为假。因此，我们找到了一个前提为真而结论为假的情况。这个表格告诉我们这个论证是无效的，

即前提的真值并不能保证结论的真值。

这就是长真值表法的全部内容。依照相同的基本过程，你可以检验任何演绎论证的有效性，无论需要花多长时间。长真值表法的主要缺点就是在评估长论证时，这个方法可能耗时较长。为了加快此过程，我们可以使用短真值表法。我们将在第 6 章讨论短真值表法。

5.3　练习

1. 一个形式有效的演绎论证的前提和结论之间有什么关系？

2. 演绎论证的可靠性意味着什么？

使用长真值表法检验下列论证的有效性。解释为什么这个论证是有效或者无效的。如果论证无效，请标出哪些行能证明该论证无效。

3.
1. P&Q
2. P → R
3. ∴ R

4.
1. P ∨ Q
2. P → R
3. ∴ R

5.
1. –P
2. P ∨ Q
3. ∴ Q

6.
1. –P
2. –P ∨ Q
3. ∴ Q

7. 1. $P \rightarrow Q$
2. $-Q\&-R$
3. $\therefore P$

8. 1. $(P \vee Q)\&R$
2. $R \rightarrow -Q$
3. $\therefore P$

9. 1. $P \rightarrow Q$
2. $Q \rightarrow R$
3. $-P$
4. $\therefore P \rightarrow R$

10. 1. $P \rightarrow (Q \vee R)$
2. $P \rightarrow -Q$
3. P
4. $\therefore R$

11. 1. $-(P\&Q) \vee R$
2. $R \rightarrow P$
3. $\therefore -Q$

12. 1. $P \vee -Q$
2. $R \rightarrow Q$
3. $-P$
4. $\therefore -R$

第 6 章　短真值表法

一旦你牢牢掌握了长真值表法的原理，就可以使用短真值表法来节省时间。长真值表法详尽地探究了构成论证的逻辑单位的所有真值组合情况，而这个简短的方法则是希望简单地在论证中找到无效的情况。它通过假定结论为假，然后在不出现矛盾的情况下检验所有前提是否都可以是正确的来实现这一目的。如果我们能做到这一点，那么我们就知道这个论点是无效的。如果我们无法在所有前提为真时得出虚假的结论，那么我们就有了一个有效的论证。我们将在后面通过例子来说明如何使用这种方法，但首先，我们来介绍使用它的步骤。

6.1　使用短真值表法的步骤

使用短真值表法时，请按照以下步骤进行：

（1）创建一个能表示该论证的真值表的标题行，并在下面添加一行。

● 按照 2.2 节中的步骤创建标题行。

● 记住为论证中的每个简单陈述和复杂陈述都添加单独的列。

● 在标题行的对应单元格上方标识出前提和结论。

（2）将结论定为假。

● 如果结论是复合陈述，那么还应填写结论中所包含的逻辑单位的真值。

● 如果令结论为假有不止一种方法，那就以从这些方法中任意选择其中一种并令结论为假开始。

● 如果结论是一个合取，那么当任何一个或两个合取项为假时结论就为假。我们需要令结论为假，并让一个或两个合取项为假。只要结论为假，令哪个合取项为假并不重要。

（3）开始将前提定为真。

既然结论为假，试着令所有前提都为真，而不会自相矛盾。如果你遇到一个必须令前提为假的情况，那么将其标记为假，并停止填写这一行。按照以下步骤将前提设定为真：

a. 将所有为简单陈述的前提的真值设为真。

b. 将所有为否定简单陈述的前提的真值设为真。

● 如果一个简单陈述是正确的，那么其否定必然是错误的；反之，否定是正确的。当在一个真值表上有一个陈述和它的否定，你可以在知道其中一个的真值时填上这两个陈述的真值（也就是说，如果陈述为真，它的否定就为假，反之为真）。

c. 将所有为合取的前提的真值设为真。

● 请记住，当一个合取为真时，它的两个合取项也必定为真。在此同时填写合取项的真值。

● 如果一个合取包含一个复合陈述，而这个复合陈述既不是另一个合取，也不是否定，请先不要将这个合取的真值设定为真。

d. 将所有否定包含性析取和否定蕴含陈述的真值定为真。

● 如果一个包含性析取为假，两个析取项也必定为假。填入这两个析取项的真值。

● 当一个蕴含陈述为假时，它的前件一定为真，而后件一定为假。填入前件和后件的真值。

e. 将所有剩余前提的真值设定为真。

● 由于真包含性析取、真蕴含陈述以及双条件陈述中的简单陈述可以有不同的真值，我们最后处理这类运算符。

● 当尝试将这些前提设定为真时，请参考你已经为论证中的简单陈述设定的真值。

如果在任何时候遇到矛盾，立即转到步骤（4）。如果你需要将一个陈述的真值同时设为真和假，以便与表中填入的其他真值保持一致，那么你就遇到了一个矛盾。

（4）评估表格。

a. 如果在任意一行中，你设法将论证中的所有前提的真值设为真，而结论为假，并且你没有遇到自相矛盾的情况，那么这个论证是无效的。

b. 如果不是这样，要看一看是否有其他方式可以使结论为假。如果有，则在表中添加一行并返回步骤（2）。如果结论是一个简单陈述，或者是否定简单陈述、否定析取，又或者是否定蕴含陈述，则只有一种方式可以使它们为假。涵盖析取、合取、蕴含或者双条件的结论则有不止一种方式为假。

c. 如果 a 和 b 都不适用，也就是说，如果你已经构建了足够多的行来用尽所有可能令结论为假而不引起矛盾的方法，那么这个论证就是有效的。

在应用短真值表法的第（2）步和第（3）步时，请务必记住以下要点：

- 一旦拥有了足以填入一个真值的信息，请将该真值填入表格。例如，如果已经有一个简单陈述被设为真，请将该简单陈述所在的包含性析取也设为真，因为当包含性析取中包含的简单陈述为真时，该包含性析取必为真。
- 如果被迫自相矛盾，即将同一陈述同时设为真和假，那么就请停止构建这一行。如果将前提设置为真会导致矛盾，请将这个前提设为假，然后停止构建这一行。如果你无法使所有前提都为真，而结论为假，则该行无法显示无效性。因此，如果我们知道至少一个前提在该行中为假，则无须浪费时间填充整个行。

6.2　短真值表法示例

示例 #1：

让我们从第 5 章中使用的一个示例论证开始，来体会短真值表法的运用："如果今天是周四，那么今天就不是周二。今天是周四，所以今天肯定不是周二。"我们将这个论证翻译为如下形式：

P＝"今天是周四。"
Q＝"今天是周二。"

接下来，我们将这个论证符号化：

1. P → –Q
2. P
3. ∴ –Q

现在我们可以构建短真值表了。然而，无须构建 2^n 行（在这种情况下是 4 行），我们只需从标题行（包含我们所有的陈述，以及前提和结论的标注）和结论为假的一行开始。完成 6.1 节的步骤（1）和步骤（2）后，我们的表格如下表所示：

前提二		结论	前提一
P	Q	–Q	P → –Q
		F	

因为结论 –Q 是假的，所以我们知道 Q 一定是真的，我们把它填进去：

前提二		结论	前提一
P	Q	–Q	P → –Q
	T	F	

现在我们的目标是设法使所有前提都为真，而结论为假。根据 6.1 节步骤（3），我们从含有简单陈述的前提开始。在这个论证中，前提二如下：

前提二		结论	前提一
P	Q	–Q	P → –Q
T	T	F	

在本例中，我们在使前提一为真之前先将前提二设为真的原因在于前提二是一个简单陈述（陈述 P）。

现在我们可以通过查看第一列和第三列来填写前提一的真值：前件为真（T），后件为假（F），使前提一为 F。为使论证无效，必须至少有一行有为 T 的前提和一个为 F

的结论。但我们刚刚证明，当结论为 F 且前提二为 T 时，前提一为 F。因此，不可能有一行中两个前提都为 T 且结论为 F。因此这个论证是有效的。

既然使该结论为假只有一种方式，我们只需要一行就可以得出这个论证是有效论证。

与使用长真值表法相比，我们的效率提高了四倍，因为我们只需要构建一行而不是四行来检验这个论证的有效性。

不过，请记住：如果存在不止一种使论证结论为假的方式，那么我们可能需要构建多个行。一旦我们发现一个无效的情况，就可以停止构建，因为我们找到了需要寻找的东西。如果没有发现说明无效性的情况，那么我们就需要以可以使结论为假的每种方式构建每一行。如果我们已经构建了所有可能性，但还无法找到无效的情况，那么我们就证明了该论证是有效的。

示例 #2：

1. –P
2. –P →（Q ∨ R）
3. ∴ Q&R

我们利用短真值表法的前两个步骤构建的表格如下：

			前提一		前提二	结论
P	Q	R	–P	Q ∨ R	–P →（Q ∨ R）	Q&R
						F

我们使结论 Q&R 为假。请记住，只有当两个合取项都为真时，合取才是真的。这意味着当 Q、R 或者 Q 和 R 都为假时，Q&R 为假。由于结论可能以三种方式为假，我们在表格中最多需要验证三行。一旦我们发现任何行中的结论为假且前提为真（没有矛盾），或者我们完整地检验了这三行，就可以停止。让我们从随机使 Q 为真且 R 为假开始：

			前提一		前提二	结论
P	Q	R	–P	Q ∨ R	–P →（Q ∨ R）	Q&R
	T	F				F

现在我们可以知道 Q ∨ R 是真实的，因为 Q 为真：

			前提一		前提二	结论
P	Q	R	–P	Q ∨ R	–P →（Q ∨ R）	Q&R
	T	F		T		F

现在还有另一个单元格需要填写。我们已经知道 Q ∨ R 为真。当一个蕴含陈述的后件为真时，该蕴含陈述为真。而 Q ∨ R 是前提二中蕴含陈述的后件：

		前提一			前提二	结论
P	Q	R	–P	Q ∨ R	–P →（Q ∨ R）	Q&R
	T	F		T	T	F

现在，要完成这个短真值表，唯一要做的就是我们是否能在不自相矛盾的情况下使剩余的前提为真。前提一是一个否定简单陈述，如果 P 为假，则该陈述为真。看看我们的真值表，没有理由使我们不能令 –P 为真（P 为假）。这样做不会产生矛盾，所以我们现在就来这么做吧：

		前提一			前提二	结论
P	Q	R	–P	Q ∨ R	–P →（Q ∨ R）	Q&R
F	T	F	T	T	T	F

在这一行中，我们假设前提为真，结论为假，而没有矛盾。我们已经证明了这个论证是无效的，因此我们就可以停下来，而不必检查其他两种可能性。

示例 #3：

让我们再尝试一个例子，看看这个简短方法的全部威力。我们就用以下论证：

1. P

2. –Q

3. Q ∨ R

4. R → S

5. ∴ P&（R&S）

这个论证的结论是一个合取，其中包括另一个合取作为合取项之一。结论指出 P、R 和 S 都是正确的，因此如果这三个简单陈述中有任何一个为假，那么整个复合陈述就是虚假的。尽管你可能看出这个论证是有效的，但我们将用短真值表法来证明这一点。我们先从下表开始：

前提一				前提二	前提三	前提四		结论
P	Q	R	S	–Q	Q ∨ R	R → S	R&S	P&（R&S）
								F

由于结论有三种可能为假的情况，我们将以其中一种能使结论为假的方式设置结论所包含的简单陈述的真值。我们还将设定 P 和 –Q（因此还涉及 Q）为真，因为它们是给定的前提：

前提一				前提二	前提三	前提四		结论
P	Q	R	S	–Q	Q ∨ R	R → S	R&S	P&（R&S）
T	F	F	F	T				F

这里我们把 R 和 S 都设为假，从而使结论为假。现在

必须看看我们能否把其他前提设为真，而不自相矛盾：

前提一				前提二	前提三	前提四		结论
P	Q	R	S	–Q	Q ∨ R	R → S	R&S	P&（R&S）
T	F	F	F	T	F			F

我们走进了一个死胡同。前提三一定是假的，因为 Q 和 R 都为假，所以 Q ∨ R 也一定为假。既然我们知道 Q 一定为假，–Q 为真，不妨在标题行之下的第二行中设置 R 为真，而 S 为假，以确保我们的结论仍然是假的：

前提一				前提二	前提三	前提四		结论
P	Q	R	S	–Q	Q ∨ R	R → S	R&S	P&（R&S）
T	F	F	F	T	F			F
T	F	T	F	T				F

因为 R 为真，所以我们可以在这一行中将前提三设为真：

前提一				前提二	前提三	前提四		结论
P	Q	R	S	–Q	Q ∨ R	R → S	R&S	P&（R&S）
T	F	F	F	T	F			F
T	F	T	F	T	T			F

现在，如果我们能够在不自相矛盾的情况下使前提四成立，那么就可以证明这个论证是无效的。我们能做到吗？不，我们做不到，因为 R 是真的，而 S 是假的，这使得蕴含

陈述 R → S 也为假。我们可以在真值表中填入该真值：

前提一				前提二	前提三	前提四		结论
P	Q	R	S	–Q	Q ∨ R	R → S	R&S	P&（R&S）
T	F	F	F	T	F			F
T	F	T	F	T	T	F		F

到这里，我们知道这个论证是有效的。我们不能通过使 P 为假来让结论为假，因为要想证明论证无效，P 作为前提必须为真。我们也知道 R 必须为真才能够使 Q ∨ R 是真实的，因为 –Q 作为前提为真。最后，我们还知道 S 必须为真，因为我们已知 R 必为真，而 R → S 作为前提必须为真，从而进一步证明论证的无效性。下面是一个完整包含使结论可能为假的其他方式的短真值表，每种可能性都在不得不使其中一个前提为假以保证结论为假之处停了下来：

前提一				前提二	前提三	前提四		结论
P	Q	R	S	–Q	Q ∨ R	R → S	R&S	P&（R&S）
T	F	F	F	T	F			F
T	F	T	F	T	T	F		F
T	F	F	T	T	F			F
F		T	T					F
F		F	T					F
F		T	F					F

正如你可以看到的，只需写出几行比完成每一行要快得多，尽管这个过程不那么机械[①]。请记住，我们必须构建相应的行来检验每种可能证明结论无效的方式，直到找到一个无效的情况，或者直到我们穷尽所有可能证明无效性的方法。因此，我们只需找到一个无效的情况，该论证就无效了。

6.3　练习

用短真值表法检验以下论证的有效性。

1.
   1. P → Q
   2. –Q
   3. ∴ –P

2.
   1. P&Q
   2. Q → R
   3. ∴ R

3.
   1. P ∨ Q
   2. P → R
   3. ∴ Q

4.
   1. –（P ∨ Q）
   2. –Q ∨ R
   3. ∴ –R

5.
   1. （P&Q）→ R
   2. –（–P ∨–Q）
   3. ∴ R

6.
   1. （P ∨ Q）&（R ∨ S）
   2. P → –S
   3. –Q
   4. ∴ R

① 在在线补充资料中，我们给出了一个其真值表需要很多行的论证，并引导你通过较短的方法来检验其有效性。

7. 1.（P ∨ Q）&R

2. R → –Q

3. ∴ P

8. 1. P ∨ Q

2. Q → R

3. R → S

4. –P

5. ∴ S ∨ T

9. 1.（P&Q）→ R

2. P ∨ S

3. –S

4. Q&T

5. ∴ R

10. 1. –P

2. Q → R

3. P ∨ Q

4. ∴ Q&R

第 3 部分

用证明论证有效性

第 7 章　有效和无效的论证形式

我们已经对逻辑运算符和真值表有了清晰的理解，现在可以熟悉一些最常见的有效和无效的论证形式。如其名称所暗示，有效论证形式是演绎推理的特定结构，无论该论证形式包含的具体内容是什么，该论证总是有效的。无效论证形式总是无效的，无论它们的内容如何。下面是一些论证形式及其相关真值表的简要内容，这些解释可以向我们展示为什么这些形式是有效或无效的。

7.1　肯定前件式

"modus ponens"（肯定前件式）这个名称是拉丁语，大致翻译为"肯定的方式"。肯定前件论证是一种肯定蕴含陈述并肯定该陈述前件的论证。例如：

（1）如果我在学习逻辑学，那么我是一个非常聪明的人。
（2）我在学习逻辑学。
（3）因此，我是一个非常聪明的人。

翻译：
P =“我在学习逻辑学。”
Q =“我是一个非常聪明的人。”

当我们肯定蕴含陈述的前件时，我们也必须肯定其后件。我们可以在真值表上清楚地看到这一点，而这个真值表在形式上模仿了蕴含陈述本身的真值表：

前提二	结论	前提一
P	Q	$P \rightarrow Q$
T	T	T
T	F	F
F	T	T
F	F	T

我们在标题行之下的第二行和第四行中可以看到，每次结论为假时，至少有一个前提也为假。肯定前件式，就

像下面讨论的其他有效论证规则一样，是真值保持的[①]。每当你识别出一个仅肯定前件式的论证时，就可以立刻得出结论，你正在研究的是一个有效论证结构。

7.2　否定后件式

另一种以蕴含陈述为中心的有效论证形式是否定后件式（modus tollens），大致翻译为“否定的方式”。把否定后件式看作肯定前件式有效且相反的形式是很有帮助的：肯定前件式通过肯定一个肯定蕴含陈述的前件，从而有效地肯定其后件，而一个否定后件陈述则通过否定一个肯定蕴含陈述的后件，从而否定其前件。以下是一个否定后件陈述的例子：

（1）如果我在学习逻辑学，那么我是一个非常聪明的人。

（2）我不是一个非常聪明的人。

（3）因此，我没有学习逻辑学。

翻译：

P＝“我在学习逻辑学。”

① 你可能需要再看一遍“真值保持”是什么意思。这部分在 5.1 节中有所讨论。

Q = “我是一个非常聪明的人。”

	结论		前提二	前提一
P	–P	Q	–Q	P → Q
T	F	T	F	T
T	F	F	T	F
F	T	T	F	T
F	T	F	T	T

我们添加了额外的列来表示 P 和 Q 的否定，因为它们包含在第二个前提和结论中。从真值表中可以看出，这个论证形式是有效的。通过承认蕴含陈述 P → Q，我们声称只要 P 为真，Q 也一定为真。这意味着如果 Q 为假，P 也一定为假（尽管当 P 为假时 Q 可能是真的）。看一看我们的结论（–P）为假的部分，也就是真值表的标题行之下的第一行和第二行。我们在这两行中看到，每当结论为假时，至少有一个前提是假的，换句话说，当结论为假时，不可能所有前提都是真的（没有一行表示这一点）。因此，我们有了另一种有效的论证形式。

7.3 假言三段论（链式论证）

假言三段论（hypothetical syllogism）处理的是两个蕴含陈述如何相互联系。这种联系很难描述，但很容易看出来。其形式如下：

1. $P \to Q$
2. $Q \to R$
3. $\therefore P \to R$

下面是一个假言三段论的例子：

（1）如果下雨，我的屋顶就会漏水。
（2）如果我的屋顶漏水，我的地毯就会湿透。
（3）因此，如果下雨，我的地毯就会湿透。

翻译：
P =“下雨。”
Q =“我的屋顶漏水。”
R =“我的地毯湿透。”

让我们看看这个论证的真值表。其标题行如下：

			前提一	前提二	结论
P	Q	R	$P \to Q$	$Q \to R$	$P \to R$

正如我们可以在下面看到的那样，这个论证是有效的。结论只在标题行之下的第二行和第四行是假的，而在这些

行中总是至少有一个前提是假的（第二行中的前提二，以及第四行中的前提一）。假言三段论是将复杂关系压缩成更有效率的形式的有用方法。假言三段论也被称为“链式论证”（chain arguments），因为它们“链接”（chain）了蕴含陈述。

			前提一	前提二	结论
P	Q	R	P→Q	Q→R	P→R
T	T	T	T	T	T
T	T	F	T	F	F
T	F	T	F	T	T
T	F	F	F	T	F
F	T	T	T	T	T
F	T	F	T	F	T
F	F	T	T	T	T
F	F	F	T	T	T

7.4　析取三段论

析取三段论（disjunctive syllogism）是两个前提的论证，其中一个前提是析取陈述，另一个前提是对该析取陈述的其中一个析取项的否定。析取三段论的结论就是剩下的析取项为真。例如：

（1）要么卡利姆会带来甜甜圈，要么利亚姆会带来纸杯蛋糕。

（2）卡利姆不会带来甜甜圈。

（3）因此，利亚姆会带来纸杯蛋糕。

翻译：

P＝“卡利姆会带来甜甜圈。”

Q＝“利亚姆会带来纸杯蛋糕。”

符号化论证：

1. P ∨ Q

2. –P

3. ∴ Q

我们来看看这个论证的真值表：

	前提二	结论	前提一
P	–P	Q	P ∨ Q
T	F	T	T
T	F	F	T
F	T	T	T
F	T	F	F

正如我们在标题行之下的第二行和第四行所见，当结

论为假时，总有至少一个前提为假（第二行中的前提二，以及第四行中的前提一），从而使这个论证有效。需要注意的是，虽然在这个例子中我们令第一个析取项为假，但对于析取三段论的有效性而言，哪个析取项为假并不重要。

7.5　无效论证形式：肯定后件谬误

虽然肯定前件式是一个有效的论证形式，但有一个与肯定前件式相似且密切相关的无效论证形式，该论证形式就是肯定后件谬误（affirming the consequent）。请看下面这个论证：

（1）如果我在学习逻辑学，那么我是一个非常聪明的人。

（2）我是一个非常聪明的人。

（3）因此，我在学习逻辑学。

翻译：

P =“我在学习逻辑学。”

Q =“我是一个非常聪明的人。”

肯定后件谬误出现在当一个蕴含陈述被承认时，其后件被肯定，并且其前件作为结论也被肯定。我们可以在真值表上看出这一点：

结论	前提一	前提二
P	Q	P → Q
T	T	T
T	F	F
F	T	T
F	F	T

在标题行之下的第三行中可以看到，这是一个无效的论证形式。当结论（在这里是 P，即前件）为假时，两个前提都可能为真。由于每个蕴含陈述只捕捉从前件到后件的单向关系，我们不允许通过论证从后件“反推”到前件。

7.6　无效论证形式：否定前件谬误

还有另一种与蕴含陈述相关的无效论证形式。这种形式是否定前件谬误（denying the antecedent）。否定前件谬误出现在我们承认一个蕴含陈述，否定了前件，并否认结果的情况下。我们还用上面的例子，并做一些修改：

（1）如果我在学习逻辑学，那么我是一个非常聪明的人。

（2）我没有学习逻辑学。

（3）因此，我不是一个非常聪明的人。

翻译：

P＝“我在学习逻辑学。”

Q＝“我是一个非常聪明的人。”

	前提二		结论	前提一
P	–P	Q	–Q	P → Q
T	F	T	F	T
T	F	F	T	F
F	T	T	F	T
F	T	F	T	T

通过检验标题行之下的第三行，你会看到，这个论证形式是无效的，因为结论为假而两个前提都为真。蕴含陈述告诉我们，如果前提是真的，那么结论必为真。回想一下，这种关系是单向的，蕴含陈述没有说明当前提为假时必须发生的情况。除前提为真外，结论可能由于许多原因而为真。

7.7 练习

将以下论证翻译并符号化。确定每个论证包含哪种论证形式，以及该论证是否因此而有效。

（1）要么是萨莉来参加派对，要么是杰森来参加，但不是两者都来（因为他们讨厌彼此）。杰森说他不会来参加派对，所以萨莉肯定会来参加。

（2）每次下雨，我的屋顶都会漏水，每次屋顶漏水，我的地毯都会湿。所以每次下雨，我的地毯都会湿。

（3）如果卡尔写了一本逻辑学读物，他一定是一个非常酷的人。但卡尔并不是一个非常酷的人，所以他一定没有写过逻辑读物。

（4）如果内塔校对了一个朋友的文章，她一定是一个很好的朋友。内塔确实校对了一个朋友的文章，所以她一定是一个很好的朋友。

（5）当鲁桑玩游戏时，她玩得开心。当鲁桑玩得开心时，她是快乐的。所以，鲁桑玩游戏时是快乐的。

（6）如果席在比赛中获胜，那么他一定是一个跑得快的人。席没有在比赛中获胜，所以他一定跑得很慢。

（7）每当下雨时，我都会带伞。我带伞了，所以一定在下雨。

（8）雪莉或吉姆会得到这份工作，并且如果吉姆得到这份工作，我会加薪。雪莉不会得到这份工作，所以我会加薪。

（9）当有人惹恼珍妮弗时，她要么生气，要么安静。珍妮弗生气了，所以一定有人在惹她。

（10）亚历克斯去年夏天要么在巴黎度假，要么在温哥华度假。如果他在巴黎度假，他一定见过埃菲尔铁塔，但他没有见过，所以他一定是在温哥华度假。

第 8 章　证　明

8.1　证明的方法

证明（proof）旨在通过逐步推导的方法，从论证的前提出发，试图得出论证的结论，从而表明该论证是有效的。证明在其步骤中运用了推理规则（rules of inference）。这些规则表示了有效的论证结构。知道每个规则可以有效确保如果我们只使用规则和论证的前提就能得到结论，那么论点本身就是有效的。

如果我们把证明比作下棋（或类似的游戏），推理规则就是允许我们移动棋子的方式。我们通过不作弊（只做出规则允许我们做出的移动）得到结论，从而赢得证明的“游戏”。由于证明技巧类似我们的正常推理，它们通常被称为“自然演绎”。本章将解释如何阅读和书写证明，并检验推理规则。证明步骤中也可以使用逻辑等价式（logical equivalents）。逻辑等价允许我们通过具有相同真值的陈述替换另一个陈述来重写证明的一部分。第 10 章将详细探讨逻辑等价。

8.2　如何阅读和书写证明

证明首先提供论证的前提，并说明从这些前提中应该证明什么结论为真。结论写在最后一个前提的右边，例如：

1. P
2. $P \to Q$　　　　　$\therefore Q$

我们在书写证明时不会给结论单独设置一行，这是因为我们在完成证明时会在论证中添加额外的行。每一行都涉及前面提到的“移动”，即应用推理规则或逻辑等价从而将论证推进到结论。当我们成功地得到结论时，就完成了证明。如果我们不能通过遵循推理规则得到结论，失败本身并不表明论证是无效的，它只表明我们未能构建证明。使用证明的一个主要缺点就是，它不能证明一个论证何时无效。要想证明一个论证无效，必须使用前面章节中讨论过的两种真值表法之一。

在构建证明的每一步中，我们都会写下新的一行，并说明在此过程中使用了哪些陈述和规则。现在你可能已经意识到，我们的示例论证是一个简单的肯定前件式。我们可以通过添加一行来完成证明：

1. P
2. P → Q　　　　∴ Q
3. Q　　　　　　1，2，MP

第三行读作：我们通过应用肯定前件式（modus ponens，MP）从第一行和第二行中得到 Q。当我们在某一行中陈述了所需的结论时，就会结束我们的证明。下面我们将检验推理规则，看看它们为什么有效（通过真值表），以及它们如何运作（通过一些示例论证）。

8.3　推理规则

下面列出了有效的推理规则，并附上我们从现在开始将使用的速记标记。前四条就是我们在第 7 章中讨论的有效论证形式：

规则名称（速记标记）	规则函数（符号形式）
肯定前件式（MP）	P → Q P ∴ Q
否定后件式（MT）	P → Q –Q ∴ –P

续表

规则名称（速记标记）	规则函数（符号形式）
假言三段论（HS）	P → Q Q → R ∴ P → R
析取三段论（DS）	P ∨ Q　　　P ∨ Q –P　　或　　–Q ∴ Q　　　　∴ P
附加律（Add）	P　　　　　P 或 ∴ P ∨ Q　　∴ Q ∨ P
简化律（Simp）	P&Q　　　P&Q 或 ∴ P　　　∴ Q
合取律（Conj）	P Q ∴ P&Q
构造式二难（CD）	（P → Q）&（R → S） P ∨ R ∴ Q ∨ S
重复规则（R）	P ∴ P

左侧是规则的名称和缩写，右侧是每个规则的函数表示。要想应用一个规则，你必须有特定的“输入”来产生所需的“输出”。输入在这里作为前提，而输出作为结论[①]。例如，在第一个规则（MP）中，我们有两个输入，即 P → Q 和 P，然后紧跟着 Q，也就是两个输入允许我们达到的输出。虽然这里使用了特定的字母作为示例，但需要注

① 你可以将推理规则的每个应用视为一个子论证，其中输入作为前提，输出作为结论。这些子论证最终推动论证向主要结论发展。

意的是，只要遵循这里呈现的模式，这些规则对任何一组逻辑单位都适用。例如，应用 MP 不需要“P”和“Q”，但我们可以将 MP 应用于任意两个逻辑单位。以下是我们如何应用 MP 的几个例子：

$R \rightarrow T$	$(P\&Q) \rightarrow R$	$(P \vee Q) \rightarrow (-S\&T)$
R	$P\&Q$	$P \vee Q$
$\therefore T$	$\therefore R$	$\therefore -S\&T$

以下是对 MP 的错误使用：

$$P \vee (Q \rightarrow R)$$
$$Q$$
$$\therefore P \vee R$$

这个应用是错误的，因为它试图将规则应用于包含在较大陈述内的蕴含（$Q \rightarrow R$）之上。要想运用 MP，蕴含陈述，以及前件和结论（后件）的陈述必须各自单独成行。

回忆一下，前四条推理规则在第 7 章已经解释过。我们可以使用它们来体现有效性，因为我们知道，它们的使用始终会保持上方语句的真值，因此运用它们始终会导致从论证的假设中合乎逻辑地推导出语句。现在让我们来检验一下下面五条新规则，看看它们能让我们在证明中做些什么。请记住，P 和 Q 仅用作解释性目的，但对于可以用 P 和 Q 替代的任何逻辑单位，这些规则的作用方式是相同的。

附加律（Add）

$$\begin{array}{ccc} P & & P \\ & 或 & \\ \therefore P \vee Q & & \therefore Q \vee P \end{array}$$

附加律的规则告诉我们，如果 P 为真，那么任何包含 P 的析取也为真。这意味着只要我们得到 P，就可以形成 P ∨ Q 的析取并保持其有效性。回忆一下析取真值表：一个析取为真足以证明整个析取为真。

虽然以这种方式构建析取可能看起来像是作弊，因为我们添加了任何我们喜欢的析取项，但请记住，只要有至少一个析取是真的，析取就必须为真。

以下是自然语言中这条规则的例子："尤达喜欢吃零食。所以尤达要么喜欢吃零食，要么喜欢去兽医那里。"因为尤达确实喜欢吃零食，任何将这句话作为其中一个析取项的析取都是自动成立的，无论第二个析取项是真是假。

简化律（Simp）

$$\begin{array}{ccc} P \& Q & & P \& Q \\ & 或 & \\ \therefore P & & \therefore Q \end{array}$$

简化律的规则告诉我们，如果 P&Q 为真，那么 P 和 Q 各自为真。我们通过去掉其中一个合取项来简化合取，留下两个原始合取项中的另一个。即当 P&Q 为真时，P 和 Q 都为真，从而使简化律成为有效的推理规则。

请注意，当你简化一个合取时，你可以断言第一个或第二个合取项为真。但是，你必须在希望声称其中一个合取项为真时应用该规则，也就是说，每当你想运用简化律时，都需要在证明中单独列出一行，并且每次使用只允许声称其中一个合取项是真的。

这里有一个自然语言简化律的例子："卡尔正在写一本逻辑学书籍并且卡尔有鬓角。所以，卡尔正在写一本逻辑学书籍。"这里还有另一个例子："卡尔正在写一本逻辑学书籍并且卡尔有鬓角。所以，卡尔有鬓角。"

合取律（Conj）

P

Q

∴ P&Q

合取律的规则是简化律的伙伴规则。如果我们知道两个陈述都是真的，如 P 和 Q，那么复合陈述 P&Q 也必须为真。请注意，连接两个陈述的顺序不必与合取项的顺序相同。以下论证也是合理的：

$$P$$
$$Q$$
$$\therefore Q \& P$$

在自然语言中，我们可以简单地翻转我们之前的例子。如果我们知道“卡尔正在写一本逻辑学书籍”和“卡尔有鬓角”都是真的，那么我们可以有效地断言合取“卡尔正在写一本逻辑学书籍并且卡尔有鬓角”。这些前提还允许我们断言合取“卡尔有鬓角并且他正在写一本逻辑学书籍”。

构造式二难（CD）

$$(P \to Q) \& (R \to S)$$
$$P \vee R$$
$$\therefore Q \vee S$$

这是最复杂的规则，但它有一些直观的意义。当我们思考可能性和潜在结果时，会用到构造式二难。构造式二难由三部分组成：一个析取，它告诉我们（至少）会发生两件事中的一件，以及两个蕴含陈述，它们触发当两个析取项之一为真时可能发生的结果。我们可以从这个情景中推导出结论，即一个或另一个结果将会是真的。这里有一个自然语言的例子：“明天早上我要么出去散步，要么睡懒觉。如果我出去散步，我就会做一些运动，如果我睡懒觉，我就会得到充分的休息。所以，明天早上我要么会做一些运动，要么会得到充分的休息。”

请注意，构造式二难使用了包含性析取，因此在刚刚的例子中，既出去散步又睡懒觉是完全可以同时发生的。

重复规则

P

∴ P

重复规则是一个非常简单的规则。这个规则允许我们在证明后面的行中重述任何已经在论证中呈现的内容。单独应用重复规则很难帮助你更接近完成证明，但在长而复杂的证明中，它是一个有用的规则，因为它可以帮助你组织证明中的信息。

8.4 应用推理规则

现在我们来简要地看看如何应用这些推理规则来完成一个证明。我们将从一些简单的例子开始。

示例 #1：

我们已经学习了如何阅读和书写证明，以及如何应用推理规则。在阅读后面的解释之前，尝试根据你刚刚所学习的内容完成下面的证明。这里有一个提示：你需要使用两个不同的推理规则：

1. P
2. P → Q　　　　∴ P&Q

仅看这两个前提，你就可能很快想到 MP（肯定前件式），因为你在这些前提中看到了它的模式。我们来应用这个规则：

1. P
2. P → Q　　　　∴ P&Q
3. Q　　　　　　1，2，MP

在第三行中，我们应用了 MP。我们写出得到的结果 Q，并在结果 Q 的右侧写出我们用来得到它的行和规则。我们将 Q 右侧的内容读作“将 MP 运用到第 1 行和第 2 行从而得到 Q”。

如我们所见，单独应用 MP 不会产生我们想要的结论，尽管我们现在有了所需的输入来得到想要的结论 P&Q。为了得到这个结论，我们还需要用到合取律：

1. P
2. P → Q　　　　∴ P&Q
3. Q　　　　　　1，2，MP

4. P&Q　　　　　　1，3，Conj

在第四行中，通过利用第一行和第三行并应用合取律证明了我们开始证明的结论。请记住，使用推理规则产生的每一行都保持有效性。如果我们能够使用推理规则从论证的前提中推导出论证的结论，那么整个论证就是有效的。

示例 #2：

我们再看一个比较简单的例子，然后研究更复杂的证明。这个例子也需要应用两个推理规则。看看你能不能在阅读后面的解释之前找出你需要使用的规则（提示：它们与我们在示例 #1 中使用的规则不同）：

1. P ∨–Q
2. R → Q
3. –P　　　　　　∴ –R

这个证明要求我们使用 DS（析取三段论）和 MT（否定后件式）。在第一行中，我们有一个析取，在第三行中，其中一个析取被否定了。我们可以将 DS 应用于第一行和第三行，剩下的就是另一个析取项。我们可以这样做：

1. P ∨–Q

2. R → Q

3. –P　　　　　　∴ –R

4. –Q　　　　　　1，3，DS

一旦我们有了 –Q，就可以着手处理第二行的蕴含陈述了。在这种情况下，我们可以运用 MT，因为蕴含陈述的后件被否定。通过应用 MT，我们可以否定前件，而这将结束我们的证明：

1. P ∨–Q

2. R → Q

3. –P　　　　　　∴ –R

4. –Q　　　　　　1，3，DS

5. –R　　　　　　2，4，MT

上面两个例子向我们展示了如何完成相对简单的证明。之所以说这些论证相对简单是因为我们只用一两种方法就能解决它们，而且我们必须按照特定的顺序应用推理规则来推导出我们想要的结论。下一节我们将讨论一些更复杂的示例，其中需要用不同的方法来完成证明。

8.5　推进证明的策略

最重要的一件事就是要记住，我们在证明中允许做的事受我们可用规则的约束。有些规则我们几乎可以随时应用。例如，我们始终可以使用 Add（附加律）来构建析取，使用 Conj（合取律）来为两个给定的逻辑单位构建合取，或者使用 Simp（简化律）来将两个连接的逻辑单位分开。下面的例子展示了如何在证明中兜圈子，而没有朝着我们想要的结论取得任何进展：

1. P	
2. Q	
3. Q → R	∴ R
4. P&Q	1，2，Conj
5. P	4，Simp
6. Q	4，Simp
7. P&Q	5，6，Conj
8. P ∨ R	1，Add
9. Q ∨ R	2，Add

在这个例子中，我们取得了什么成果？没有任何东西让我们更接近得到 R！事实上，在这个例子中，我们做的很多都是多余的。在第五行和第六行中，我们推导出了 P 和 Q，而我们在第一行和第二行中已经推导出 P 和 Q 了。我们在技术上没有任何错误，因为我们所做的每一步都利用了有效的推理规则。

因此，第一课就是保持视线一直聚焦在想证明的目标上。就像去某个地方旅行一样，我们希望确保行动规划符合最终目标。完成一个证明在某种程度上就像走出迷宫或者完成一个拼图。为了理解哪些小步骤有助于实现目标，从整体上审视整个过程是有帮助的。当我们第一次看一个证明时，思考以下几个问题是很有用的：

（1）前提是什么？

（2）我们可以对这些前提应用哪些推理规则？我们是否看到了可以有效应用某些规则的模式？

（3）我们想要的结论是什么？哪些规则会推动我们去证明这个结论？

在思考第三个问题时，请记住，当我们将推理规则应用于前提时，通常会得出新的信息，然后我们就可以用这些信息以我们最初无法使用的方式应用推理规则。

示例 #3：

另一件需要记住的事情就是，有些证明接受多种有效的解决方案。我们来看下面这个证明，这个证明就接受两种不同的解决方案：

1. $P \rightarrow Q$

2. $Q \rightarrow R$

3. P　　　　　　　∴ R

在第一个解决方案中，我们会运用两次 MP，从而得出结论：

1. P → Q
2. Q → R
3. P　　　　　　　∴ R
4. Q　　　　　　　1，3，MP
5. R　　　　　　　2，4，MP

然而，我们也可以用 HS（假言三段论）以及一次 MP 来获得相同的结果：

1. P → Q
2. Q → R
3. P　　　　　　　∴ R
4. P → R　　　　　1，2，HS
5. R　　　　　　　3，4，MP

这个论证有两种证明，每个证明都表明它是一个有效的论证。只要构建一个能让我们肯定结论为真的证明，我们就知道这个证明是有效的。

示例 #4：

在处理复杂证明时，一个有效的策略就是尝试从正向和反向两个方向思考。当我们研究初始前提时，考虑可以应用哪些规则，以及它们将如何引导我们得出结论。如果这样做没有揭示出明显的得出结论的方法，也可以尝试反向思考，问自己哪些规则可能让我们证明结论，以及除了结论，我们需要哪些信息才能得出结论。

下面是一个更复杂的论证，我们可以用它来研究如何通过双向思考来完成证明：

1. P&Q
2. P → –R
3. R ∨ S ∴ S

从前提条件向下思考，我们可以看出可能会用到 MP 和第二行。要想应用 MP，我们需要确认前件 P，而 P 在第一行中出现。我们可以通过简化合取 P&Q 得到 P。一旦完成了这个步骤，我们就会得到 –R，然后可以在第三行使用 DS 时使用它。

从上述论证的结论倒推，我们可以看到需要从 R ∨ S 中得到 S。我们可以使用 DS 来断言一个析取中的析取项是真的。要想应用 DS，我们需要证明其中一个析取项为假。在这种情况下，我们要想肯定 S，就需要否定 R（我们需要证明 R 为假，或者 –R 为真）。第二行告诉我们，如果 P 为真，那么 –R 为真。我们在什么地方看到 P 为真吗？我们在第一行确实看到了这一点。因此，如果我们能够从第一行断言 P 为真，就可以一步步回到结论。我们可以通过在第一行应用 Simp 断言 P 是真的。一旦我们知道了这个最终的事实，就可以一步一步地应用推理规则，得出所需的结论。

1. P&Q	
2. P → –R	
3. R ∨ S	∴ S
4. P	1，Simp
5. –R	2，4，MP
6. S	3，5，DS

示例 #5：

我们来看最后一个例子，这个例子比前面的例子更复杂。你可能需要从正向和反向两个方向来完成证明。在阅读下面的解决方案之前，先尝试自己想出解法。如果你的方法并不是完全按照提供的方案进行的，不要担心。只要你使用提供的信息来证明结论，并且只应用推理规则，你就成功地解决了这个问题：

1. P
2. (P ∨ Q) → R
3. S
4. (R&S) → –T
5. X → T　　　∴ –X

这样的论证比较复杂，因此你可能需要将正向思维和反向思维进行结合。正确的解法可能不会立刻出现在你的面前，因此有时可能需要通过试错来完成证明。你只需记住，只要你仅在正确应用某一个规则时向下推进证明，你就不会出现任何技术性错误，虽然你的推进可能是多余的，或者导致你偏离结论，而不是更接近。在理想情况下，我们希望证明尽可能简单，但确保证明在技术上正确无误比确保它以某种方式进行更优雅要重要得多。

以下是一个可行的解决方案：

1. P	
2. (P ∨ Q) → R	
3. S	
4. (R&S) → –T	
5. X → T	∴ –X
6. P ∨ Q	1，Add
7. R	2，6，MP
8. R&S	3，7，Conj

9. –T	4，8，MP
10. –X	5，9，MT

首先，我们先在第六行通过附加律将P转化为析取P ∨ Q。由于可以断言P ∨ Q为真，我们就可以通过在第二行和第六行上应用MP来断言R为真。由于R和S都是真的（分别在第七行和第三行），合取R&S也为真，我们可以通过应用Conj在第八行体现这一点。我们在肯定蕴含陈述（[R&S] → –T）及其前件（分别在第四行和第八行）时，再次应用MP，从而得到–T。最后，由于我们知道–T为真，就可以对第五行应用MT，从而得出结论–X为真。

你认为以下两个证明的解法如何？它们是正确的解法吗？

1.（P&Q）→ R		1. P → Q	
2. Q	∴ R	2. P&R	∴ Q
3. Q → R	1，Simp	3. P	2，Simp
4. R	2，3，MP	4. R	2，Simp
		5. Q	3，1，MP

左侧解决方案中的第三行是错误的。这一步尝试将Simp应用在第一行中较大陈述的逻辑单位上。而我们的规则只能应用于一个完整的陈述。

右侧是一个正确的证明。你可能注意到一件事，在第五行中，MP 所涉及的步骤编号不是按照数字顺序排列的“1，3”，尽管前面的所有证明都是按照数字顺序给出数字。但这没有关系。这个证明的另一个特点是，虽然第四行正确使用了 Simp 和第二行，但这是没必要的。R 并没有用于任何目的。这一步也许应该被省略掉。省略会使证明更简洁，但这同样也没有关系。正如上面提到的，我们追求的是真理，而不是美观。很多无用但正确的步骤可能会引起你的质疑，让你不知道自己在做什么，但只要每一个步骤都是正确的，并且因此得出了结论，你就已经给出了一个正确的证明。

8.6 练习

本部分对练习进行了分类。每个推理规则都对应一个类别，其中的问题每次只使用一个推理规则。从这些问题开始，你可以直观地了解如何使用每个规则。一旦你将单个规则运用自如，就可以处理最后一个类别的问题，该类别的问题要求你使用多个规则来完成证明。所有这些练习的答案都可以在在线补充资料中找到。

MP（肯定前件式）

1. 1.P → Q
   2.P ∴ Q

2. 1.R → S
   2.R ∴ S

3. 1.P → Q
   2.Q → R
   3.P ∴ R

4. 1.（P&Q）→ R
   2.P&Q ∴ R

5. 1.P →（Q&R）
   2.P ∴ Q&R

6. 1.P →（Q ∨ R）
   2.P ∴ Q ∨ R

7. 1.（P ∨ Q）→（R&–S）
   2. P ∨ Q ∴ R&–S

8. 1.（P ∨ Q）→（R&–S）
   2.（R&–S）→ –（T ∨ U）
   3.P ∨ Q ∴ –（T ∨ U）

MT（否定后件式）

9. 1. P → Q
   2. –Q ∴ –P

10. 1. R → S
    2. –S ∴ –R

11. 1. P → Q
    2. Q → R
    3.–R ∴ –P

12. 1.（P&Q）→ R
    2.–R ∴ –（P&Q）

13. 1.P →（Q&R）
    2.–（Q&R）∴ –P

14. 1.P →（Q ∨ R）
    2.–（Q ∨ R）∴ –P

15. 1.（P ∨ Q）→（R&–S）
    2.–（R&–S）∴ –（P ∨ Q）

DS（析取三段论）

16. 1.P ∨ Q
2.–Q ∴ P

17. 1.P ∨ Q
2.–P ∴ Q

18. 1.（P&Q）∨ R
2.–R ∴ P&Q

19. 1.（P&Q）∨ R
2.–（P&Q）∴ R

20. 1.P ∨（Q&R）
2.–（Q&R） ∴ P

21. 1.P ∨（Q&R）
2.–P ∴ Q&R

22. 1.（P ∨ Q）∨（R&S）
2.–（P∨Q） ∴ R&S

23. 1.（P ∨ Q）∨（R&S）
2.–（R&S） ∴ P ∨ Q

24. 1.（[A ∨ B] ∨ C）∨ D
2.–D ∴（A∨B）∨ C

25. 1.（[A ∨ B] ∨ C）∨ D
2.–D
3.–C ∴ A∨B

26. 1.（[A ∨ B] ∨ C）∨ D
2.–D
3.–C
4.–A ∴ B

HS（假言三段论）

27. 1.P → Q
2.Q → R ∴ P → R

28. 1. P → Q
2. Q → R
3. R → S ∴ P → S

29. 1.（P&Q）→ R

2. R → S　　∴（P&Q）→ S

30. 1.（P&Q）→（R ∨ S）

2.（R ∨ S）→ T　∴（P&Q）→ T

31. 1.（P&Q）→ R

2.R → S

3.S →（T ∨ U）　∴（P&Q）→（T ∨ U）

32. 1.（C ∨ Q）→ –A

2.–A →（R&K）

3.（R&K）→ Y　∴（C ∨ Q）→ Y

Add（附加律）

33. P　∴ P ∨ Q

34. P&Q　∴（P&Q）∨ R

35. P ∨ Q　∴（P ∨ Q）∨ R

36. –P　∴ –P ∨ Q

37. P&–Q　∴（P&–Q）∨ R

38. P　∴（P ∨ Q）∨ R

Simp（简化律）

39. P&Q　∴ P　40. P&Q　∴ Q

41. R&S　∴ R　42. R&S　∴ S

43. （P&Q）&R ∴ R

44. （P&Q）&R ∴ P&Q

45. （P&Q）&（R&S） ∴ R

46. 1.（P&Q）&（R ∨ S）

2.Q → T ∴ R ∨ S

47. 1.（P&Q）&（R ∨ S）

2.Q → T ∴ P

Conj（合取律）

48. 1. P

2. Q ∴ P&Q

49. 1. P

2. Q ∴ Q&P

50. 1.R

2.S ∴ R&S

51. 1.P ∨ Q

2.T ∴（P ∨ Q）&T

52. 1.–P

2.Q&R ∴ –P&（Q&R）

53. 1.–P

2.–Q&R ∴ –P&（–Q&R）

54. 1.–P

2.–（Q&R）　　∴ –P&–（Q&R）

55. 1.P ∨ Q

2.R&S

3.S → T　　∴（P ∨ Q）&（[R&S] & [S → T]）

CD（构造式二难）

56. 1.（P → Q）&（R → S）

2.P ∨ R　　∴ Q ∨ S

57. 1.（Q → P）&（S → R）

2.Q ∨ S　　∴ P ∨ R

58. 1.（[A&B] → Q）&（R → S）

2.（A&B）∨ R　　∴ Q ∨ S

59. 1.（[A ∨ B] → Q）&（[C&D] → S）

2.（A ∨ B）∨（C&D）　　∴ Q ∨ S

60. 1.（[（A ∨ B）&C] → Q）&（[D&E] → S）

2.（[A ∨ B] &C）∨（D&E）　　∴ Q ∨ S

61. 1.（P → Q）&（R → S）

2.P ∨ R

3.（Q → T）&（S → U）　　∴ T ∨ U

62. 1.（[A ↔ B] → Q）&（R → S）

2.R ∨（A ↔ B）　　∴ Q ∨ S

63. 1. ([A↔B]→Q) & (R→S)

2.R ∨ (A↔B)

3. (Q→T) & (S→U) ∴ T ∨ U

64. 1. ([A↔B]→Q) & (R→S)

2.R ∨ (A↔B)

3. (Q→T) & (S→U)

4. (T→W) & (U→[X&Y]) ∴ W ∨ (X&Y)

使用多种规则的证明

65. 1. P→Q

2. P ∨ R

3.–R ∴ Q

66. 1.P&Q

2.Q→R ∴ R

67. 1.P&–Q

2.R→Q ∴ –R

68. 1. P ∨ Q

2. Q→R

3. P→(S ∨ T)

4.–R ∴ S ∨ T

69. 1. P→Q

2. Q→(R ∨ S)

3.–S&P ∴ R

70. 1.([A&B]→Q) & ([C∨D]→S)

2. A&B

3. C ∴ Q&S

71. 1.（A → Q）&（[（C ∨ D）→ E] → S）
2. A&B
3. D ∴ Q ∨ S

72. 1. P → Q
2. R → S
3. P
4. R ∴ Q&S

73. 1. P → Q
2. P ∴ Q ∨ R

74. 1. P →（Q&R）
2. P ∴ Q

75. 1. P → Q
2. P ∴ P&Q

76. 1. P → Q
2. R → S
3. P ∴ Q ∨ S

第 9 章　进阶证明技巧：条件证明与间接证明

本章我们将学习两种进阶的证明技巧：条件证明和间接证明（也称归谬法）。

通过假设一个陈述为真，然后说明该陈述为真可以得出哪些其他陈述，条件证明使我们能够构建一个新的蕴含陈述。间接证明是条件证明的一种特殊类型，我们假设一个陈述为真，但随即从该假设推导出矛盾。我们知道矛盾不能为真，因此，如果我们从一个被设为真的陈述中推导出矛盾，就可以知道这个陈述一定为假。

这两种技巧都涉及构建一个子证明。子证明是包含在一个更大的主证明中的证明。我们将子证明缩进并用竖线将其从主证明中标记出来，以表示子证明中的步骤不能用于主证明。只有子证明的结果可以用于主证明。我们将从学习如何构建条件证明开始，后面再研究间接证明。

9.1 条件证明

条件证明（Conditional Proof，CP）

$$\begin{array}{|l} P \\ \cdots \\ Q \end{array}$$

$$\therefore P \to Q$$

正如前文指出的，通过观察所做的假设可以得出哪些陈述，条件证明作为一种进阶的证明技术可以让我们用子证明来构建新的蕴含陈述。我们经常进行类似的思考。在自然语言中，我们用“如果……会发生什么”或“如果X为真，那么接下来会出现什么”这样的短语来指出这种推理的假设性质。

让我们从一个自然语言例子开始：“尤达要么想依偎在躺椅上，要么想去散步。但如果下雨了，它就不想去散步。所以，如果下雨了，它会想依偎在躺椅上。”

乍一看，这种推理是有道理的。我们把这个论证进行符号化，形式如下：

R =“下雨了。”

W =“尤达想要去散步。”

C =“尤达想要依偎在躺椅上。”

1. R → –W
2. W ∨ C　　　　∴ R → C

通过观察符号化的论证，你可以看到，如果 R 为真，我们就可以应用 DS 来得到所需的结论。然而，前提并没有提供 R。我们的自然语言示例中并没有断言实际上在下雨，它只是陈述了如果下雨会是什么情况。这是一个可以应用条件证明的例子。

1. R → –W	
2. W ∨ C	∴ R → C
│3. R	CPA
│4. –W	1，3，MP
│5. C	2，4，DS
6. R → C	3—5，CP

你会注意到这个证明有三个新的特征，且这些特征在本书中目前为止还没有出现过：（1）第三行标记出“CPA”；（2）第 3—5 行缩进且用竖线标出；（3）第六行标记出“CP”。这些特征体现出该证明中存在一个条件证明。“CPA”的意思是“条件证明假设”（conditional proof assumption）。我们开始每一个条件证明时，会先做一个假设，并将其标记为“CPA”。我们通过缩进的方式来区分条件证明的行，从假设开始，直到结束时的最后一行。在结

束条件证明时，我们回到正常的格式（没有缩进且没有竖线标记的行）。最后，“CP”的意思是“条件证明”。我们需要找到并标记出条件证明用到了哪些行。

我们来看看这个例子。在第三行中，我们假设 R 为真，并标记为“CPA”，从而表示这是我们的条件证明假设。我们将这一行缩进，并用竖线标记，来表示我们在这一行上陈述的内容并不包含在证明的前提中。在条件证明开始时，你可以假设任何事情为真，但并非所有的假设都会真正帮助你完成证明。在构建条件证明时，你心中应该有一个明确的目标，并从有助于实现该目标的假设开始。在这种情况下，我们的目标是蕴含陈述（$R \rightarrow C$），如果我们假设前件 R（从而得到 C），CP 就会得出该陈述。因此，只有假设 R，CP 才能实现这个目标。

第四行也进行了缩进并用竖线标出，从而体现我们仍在进行条件证明。我们以完成常规证明的方式完成第四行（以及后面所有行）的证明，即标识出我们用到前面的哪些行，以及用到哪些推理规则和逻辑等价式。在这里，我们在第一行和第三行应用了 MP，进而得到 –W。在我们引入一个条件证明假设之后，可以在（且仅在）对应的条件证明中像使用证明中前面的行一样使用这个假设。在第五行，我们通过在第二行和第四行上应用 DS 来得到 C。

在第五行，我们实现了这个条件证明的目标，即表明如果 R 为真，那么 C 也为真。现在我们可以结束条件证明了。我们需要做的就是在第六行结束这个证明并写下新构建的蕴含陈述 R → C。这个新的蕴含陈述在形式上表达了我们在中间几行表示的内容。第六行不是条件证明的一部分，因为它不依赖假设。我们标出所有在条件证明中使用的行（无论有几行），并在旁边写上“CP”，从而得到第六行。鉴于这就是我们在这个例子中试图证明的全部内容，我们的证明就在第六行完成。竖线在这里用作标出子证明的范围。

我们再看另一个例子：

1. A →（B&C）	
2. B → D	∴ A → D
| 3. A	CPA
| 4. B&C	1，3，MP
| 5. B	4，Simp
6. A → B	3—5，CP
7. A → D	2，6，HS

第三行到第五行是一个条件证明，并在第六行产生了一个新的蕴含陈述，进而与其他陈述一起推导出论证的结论。通过使用条件证明，我们已经成功地证明，如果 A 为真，那么 D 也将为真。正如你能从这些例子中看到的，条件证明是一种很有用的技巧。

9.2 间接证明（归谬法）

间接证明（Indirect Proof，IP）

│P		│–P
│…	或	│…
│Q&–Q		│Q&–Q
∴ –P		∴ P

间接证明与条件证明类似，但不同于推导出一个蕴含陈述，间接证明可以让我们证明一个陈述是真是假，即使这个陈述并没有在论证的前提中被断言为真或假。这种证明技巧也经常被称为“归谬法”（*reductio ad absurdum*），在拉丁语中是“还原到荒谬”的意思。这种技巧在哲学中有着悠久的使用历史。归谬法被用来证明一个陈述必须为真，因为该陈述为假是荒谬的，而不是通过提供独立的证据证明这个陈述为真。间接证明可以用来推导出其他方法无法推导出的结论，也可以用作证明的中间步骤。

下面是间接证明的自然语言示例：“如果地球是平的，那么人们到达某个点，他们就会掉下来。因为人们没有从地球上掉下来，所以地球一定不是平的。”

当我们在陈述逻辑中运用这种技巧时，我们所讨论的荒谬就是矛盾。因为我们知道，同一个陈述不能同时为真或假，因此如果有任何断言导致矛盾，我们就知道这个断言是假的。

间接证明的写法与条件证明非常类似。我们将间接证明涉及的行缩进并标出。我们将间接证明开头的假设标记为“IPA”，代表“间接证明假设”（indirect proof assumption）。当我们结束间接证明时，我们就回到主证明（未缩进的行），记下间接证明的所有行，并写下“IP”表示“间接证明”。

下面举个例子，看看间接证明是如何运作的：

1.–A → –B	
2.B	∴ A
|3.–A	IPA
|4.–B	1，3，MP
|5.B&–B	2，4，Conj
6.A	3—5，IP

在第三行我们假定 –A 为真。做出这个假设是因为 –A 与我们期望的结论 A 相矛盾。我们在这个证明中的目标就是证明 A 一定为真，而如果 –A 为真，就会产生矛盾。在第四行中，我们将 MP 应用于第一行和第三行，并得出 –B。第五行证明了我们的假设 –A 可以推导出 B&–B。因为一个陈述和它的否定不可能同时是正确的，所以我们知道我们的假设实际上是错误的。如果 –A 为假，那么 A 就为真，我们把它写在第六行并结束间接证明（通过停止缩进并不

用竖线进行标记），注明子证明中涉及的行，并将其标记为“IP”[①]。

我们继续看两个例子，看看如何使用间接证明：

1.（P∨Q）→R	∴ –（P&–R）
│2. P&–R	IPA
│3. P	2，Simp
│4. P∨Q	3，Add
│5. R	1，4，MP
│6. –R	2，Simp
│7. R&–R	5，6，Conj
8. –（P&–R）	2—7，IP

这个例子比第一个例子更复杂。我们在第二行开始间接证明，并假设我们的结论是错误的。第三行到第七行应用了我们已经熟悉的推理规则，从而在第七行得到矛盾。由于这个假设的否定是我们的结论，到这里我们就完成了证明。根据第二行到第七行的间接证明，我们在第八行断言结论为真。

在最后一个例子中，我们将使用间接证明来证明中间的步骤，而不是主要结论。

① 在第10章你将看到，这个证明也可以通过应用名为“双重否定律”的逻辑等价式和 MP 来完成。

1. –A → –B	
2. B	
3. A → C	
4. C → D	∴ D
5. A → D	3，4，HS
│6. –A	IPA
│7. –B	1，6，MP
│8. B&–B	2，7，Conj
9. A	6—8，IP
10. D	5，9，MP

在这个例子中，我们的最终目标是证明 D 为真。从前提中可以看出，我们需要断言 C 才能断言 D（第四行），而为了断言 C，我们需要断言 A（第三行）。我们要像在第一个例子中一样，通过间接证明断言 A。这一次，我们的间接证明位于第六行至第八行。如这个例子所示，间接证明可以在论证的任何阶段使用，只要我们拥有足够的信息来证明由于一个陈述为假将导致矛盾，该陈述就必须为真。

在处理复杂的证明时，请记住，条件证明和间接证明是进阶技巧，它们可以让你推导出你可能无法推出的结果。通常情况下，先看看有没有只用推理规则和逻辑等价的方法来完成证明是值得一试的。如果你发现需要额外的蕴含陈述，但无法使用推理规则和逻辑等价来构建它，那么就可以尝试使用条件证明。如果你需要证明一个陈述为真，并发现由于论证中的其他陈述，该陈述为假会导致矛盾，那么就可以尝试使用间接证明。

9.3 多重子证明

有时我们会用到两种（或更多种）这样的技巧，并且这些技巧彼此嵌套。为了完成证明，我们可能需要构建足够多的子证明，同时我们可以根据需求在子证明内部进一步构建足够多的子证明。然而，我们必须始终遵循前面介绍的子证明的规则，即只能在子证明的范围内使用子证明涉及的行，但是我们可以在上一层的子证明中使用子证明的结果。这意味着如果我们只有一个子证明，就可以在主证明中使用它的结果，但如果在另一个子证明内有一个子证明，我们就只能在外面这个子证明（上一层子证明）中使用里面子证明的结果，而不能将里面子证明的结果应用于主证明。例如：

1. P&Q	∴ P →（Q → P）
|2. P	CPA
	|3. Q	CPA
	|4. P	1，Simp
|5. Q → P	3—4，CP
6. P →（Q → P）	2—5，CP

在这个例子中，我们只能将第三行和第四行产生的结

果（第五行）用于上一层的子证明（从第二行开始，到第五行结束）。然后，我们可以在主证明中使用在第五行结束的子证明的结果，并在第六行结束主证明。

我们将常规证明（非子证明）视为第一层，子证明（如此例中的第二行至第五行）视为第二层，子证明内的子证明（如此例中的第三行和第四行）视为第三层，以此类推。通常情况下，子证明的最终结果只能用在向上一层。子证明的任何部分都不能在证明的其他任何地方使用，子证明的结果不能用在除上一层证明外的其他部分。

我们来看看下面三个证明，这些证明正确吗？

1. P&Q	∴ P →（Q → P）
│2. P	1，Simp
│ │3. Q	CPA
│ │4. P	1，Simp
│5. Q → P	3—4，CP
6. P →（Q → P）	2—5，CP

上面的证明是不正确的。第二行是第二行至第五行的条件证明的假设，所以必须标记为 CPA。

1. P&（P → Q）	∴ Q
│2. P	CPA
│3.（P → Q）	1，Simp

│4. Q	2，3，MP
5. P → Q	2—4，CP
6. P	1，Simp
7. Q	5，6，MP

1. P&（P → Q）	∴ Q
│2. P	IPA
│3. P → Q	1，Simp
│4. Q	2，3，MP

答案是靠上的证明是正确的，而靠下的证明是错误的。在上面的证明中，每一步都正确地使用了规则。但请仔细看：这个证明不优雅到愚蠢的地步。整个 CP 部分都是多余的。整个证明可以用两个 Simp 和一个 MP 来完成。

下面的证明是不正确的。这个证明的最后一步确实是应该被证明的逻辑对象，但这并不能证明它：这个对象必须在任何假设区域之外——也就是说，不能有任何竖线在它前面。或许，你会忍不住用以下内容代替（通过添加一个额外的步骤）：

1. P&（P → Q）	∴ Q
│2. P	IPA
│3. P → Q	1，Simp
│4. Q	2，3，MP

5. Q　　　　　　　　4，R

但是，步骤五是不正确的。正如前面提到的，子证明中的步骤不能用于主证明。只有整个子证明的结果可以用于主证明，或者，就这个问题而言，可以用于不在整个子证明内的任何其他子证明。

如果这让你感到困惑，可以将竖线（在这个例子中位于步骤二、三和四的左侧）视为单项证明的大门。这条线右侧的任何东西都可以由同样在线右侧的内容证明，而线左侧的内容（在这个例子中是步骤一）是可以通过这扇“大门”来证明右侧的。但是，线左侧的任何东西（如步骤五）不能通过右侧的任何内容来证明。

下面是一个自然语言的例子，这个例子就在讨论我们正在探讨的错误。

萨尔：　弗雷德可能六点以后才能来。而且，他来了之后会想吃晚餐。

阿尔：　那又怎样？

萨尔：　| 假设弗雷德六点之后到这里。（这是条件证明的假设：标记为 CPA 的那一行）
　　　　| 六点之后他打算吃晚餐。
　　　　| 晚餐会持续一小时，而电影六点半就开始播放了。

所以，我们就来不及去看电影了。

所以： 如果弗雷德六点之后到这里，我们就来不及看电影了。（这是条件陈述，它是由子证明推出的结果，我们将其标记为 CP）

阿尔： 你是说我们会来不及看电影吗？（这是一个错误——证明条件内的步骤为真）

萨尔： 不——我是说如果他六点以后到，我们就来不及看电影了。

9.4 练习

条件证明

用条件证明完成以下练习。

1. 1.P → –Q
   2.Q ∨ R ∴ P → R

2. 1.（P ∨ Q）→ –R
   2. R ∨–S ∴（P ∨ Q）→ –S

3. 1.P →（Q&R）
   2.R → T ∴ P → T

4. 1.P → Q
   2.R → S ∴（P ∨ R）→（Q ∨ S）

5. 1. Q → R
   2. R → S ∴（P → Q）→（P → S）

6.　1. P → –Q

2. R ∨ S

3. S → Q　　∴ P → R

7.　1. P → –Q

2. Q ∨ R　　∴ P →（–Q&R）

间接证明

用间接证明完成以下练习。注意：这些证明不用间接证明也能完成，但不管怎样还是要用的。

8.　1. P → Q

2. Q → –P　　∴ –P

9.　1. P ∨ Q

2. Q → P　　∴ P

10.　1. –（R ∨ S）

2. P → R

3. Q → S　　∴ –（P ∨ Q）

11.　（P ∨ Q）→ –P　　∴ –P

12.　P →（Q&–Q）　　∴ –P

多重子证明

用多重子证明完成以下练习，即使你可以在不使用多重子证明的情况下完成证明。

13.　1. P → Q

2. Q → R ∨ S

3. Q → –R　∴ P → S

14.　1. Q → –R

2. R ∨（P ∨ S）

3. –P ∨–Q　∴ Q → S

第 10 章　逻辑等价式与复杂证明

在第 8 章中，我们介绍了证明，检验了推理规则，并简要讨论了逻辑等价。逻辑等价与推理规则相似，因为它们都是在证明中可进行的有效“推进”。但推理规则和逻辑等价之间也存在差异。当我们应用推理规则时，就产生了新的推理（或推理行为），并且我们正在逐步向所需的结论迈进。然而，当我们应用逻辑等价式时，只是在用同义词或不同的短语重述我们已经拥有的信息（就像我们可以用英语或其他自然语言重新表述一个陈述一样）。逻辑等价使我们可以用另一种更新颖有趣的方式应用推理规则，从而重述证明中的步骤。这可以帮助我们在证明过程中朝着我们想要的结论推进。

10.1　逻辑等价式

我们将要学习的逻辑等价式有十个，下面是这十个逻辑等价式的表格：

逻辑等价式（速记标记）	等价函数（符号形式）
双重否定律（DN）	P ≡ --P
易位律（Trans）	P → Q ≡ -Q → -P
实质蕴含律（MI）	P → Q ≡ -P ∨ Q
德·摩根律（DM）	-（P&Q）≡ -P ∨-Q -（P ∨ Q）≡ -P&-Q
重言律（Taut）	P ≡ P ∨ P P ≡ P&P
交换律（Comm）	P ∨ Q ≡ Q ∨ P P&Q ≡ Q&P
结合律（Assoc）	P ∨（Q ∨ R）≡（P ∨ Q）∨ R P&（Q&R）≡（P&Q）&R
分配律（Dist）	P&（Q ∨ R）≡（P&Q）∨（P&R） P ∨（Q&R）≡（P ∨ Q）&（P ∨ R）
实质等值律（ME）	（P ↔ Q）≡（P → Q）&（Q → P） （P ↔ Q）≡（P&Q）∨（-P&-Q）
输出律（Exp）	（P&Q）→ R ≡ P →（Q → R）

（1）逻辑等价式在符号形式上表达的方式与推理规则不同。如上表所示，对于每个等价式，两个表达式之间由逻辑等价符“≡”连接。在证明中，每当遇到表中的表达式之一时，你可以将其替换为另一个逻辑等价的表达式。逻辑等价符可以读作“等同于”或“可以替换为”。

（2）在证明中，逻辑上等价的表达式可以在它们出现的任何地方被替换掉，即使对于一个仅作为复合陈述一部分的逻辑单位也是如此。相比之下，推理规则只适用于证明中的某一整行，也就是说，你不能将推理规则应用于表达式中的任何部分，而只能应用于整个表达式。

（3）通过为每个表达式构造一个真值表，你可以看到表中用“≡”连接的所有表达式在逻辑上都是等价的。为了节省，本章不提供这些真值表[①]。

（4）关于表格中的表达式还有一点需要注意，即虽然表达式中使用的是简单陈述，但也可以使用复合陈述来替代，就像第 8 章介绍的推理规则一样。

10.2 应用逻辑等价式

我们已经检验了本书要介绍的所有推理规则和逻辑等价式。现在我们来快速检验一些逻辑等价式在证明中使用的例子，并看一看一些关于如何处理较难证明的建议。

1. P → –（Q ∨ R）	
2. Q ∨ R	∴ –P
3. ––（Q ∨ R）	2，DN
4. –P	1，3，MT

我们来看上面这个例子，在这里 DN（双重否定律）和

① 每种逻辑等价式在本书的在线补充资料中有更充分的解释说明。

MT 一起使用，从而很轻松地完成了证明。这个证明也可以使用间接证明来解决，但与使用双重否定律相比要用更多的行。

请记住，你可以将推理规则和逻辑等价式组合起来进行应用。例如，ME（实质等值律）可用于将双条件陈述转化为多个蕴含陈述的合取。你可以将这个合取陈述简化，并取其中一个陈述，然后对其应用 MP 或 MT：

1. $P \leftrightarrow Q$	
2. P	∴ Q
3. $(P \rightarrow Q)$ & $(Q \rightarrow P)$	1，ME
4. $P \rightarrow Q$	3，Simp
5. Q	2，4，MP

下面的示例中，在较长的表达式 $(Q \vee P) \rightarrow S$ 内，$(Q \vee P)$ 对 $(P \vee Q)$ 进行了交换。

1. $P \vee Q$	
2. $(Q \vee P) \rightarrow S$	∴ S
3. $(P \vee Q) \rightarrow S$	2，Comm
4. S	1，3，MP

通过将逻辑等价式和推理规则结合起来，我们还能得到很多这样的组合。接下来我们就转向练习，看看那些要

求你发现并运用这些组合的问题，而不是在这里将所有组合一一列举。对于一个证明，你应该先观察前提和结论，并考虑采用什么策略来解决它。看看结论是否包含在前提中。如果没有，那就在前提中寻找结论的组成部分，并思考可以使用哪些推理规则或逻辑等价式来产生所需的结论。如果在得出所需结论时需要一些创造力，可以使用 8.5 节中描述的向前和向后看的方法。一般来说，我们首先尝试如何使用推理规则，然后考虑如何用逻辑等价式重述论证中的一个或多个部分。有时只有应用逻辑等价式才可以使应用推理规则成为可能，否则你可能无法应用推理规则，或者减少完成证明所需要的行数。

如果在观察论证的组成部分后，证明的策略仍不明显，那么只需尝试你所能看出的步骤，这将为你揭示其他可能性。因此，如果你不确定最终结果，那么构建一个初步的粗略证明版本是值得的。

我们的形式逻辑入门课程已经结束了！虽然形式逻辑可以用来分析非常复杂的论证，但就像许多复杂的系统一样，它最终是由许多简单的部分共同运作的。到此为止，你已经学会了所有这些简单的部分。你现在已经掌握了为陈述逻辑中的任何有效论证提供证明的技能，并能够使用真值表证明陈述逻辑中任何论证的有效性或无效性。①

① 要想简单了解接下来经常被研究的符号演绎逻辑领域，请查看在线补充资料。

10.3　练习

用推理规则和 / 或逻辑等价式完成以下证明练习。

1. 1.–（P&Q）
   2.Q　　　　∴ –P
2. 1.–（P ∨ Q）
   2.–Q → R　　　　∴ R
3. 1.P → Q
   2.Q → R　　　　∴ –R → –P
4. 1.P → Q
   2.–P → –R　　　　∴ –Q → –R
5. 1.P ↔ Q
   2.Q　　　　∴ P
6. 1.P&Q
   2.Q → R　　　　∴ Q ∨ Q
7. 1.（P&Q）&R
   2.R → S&（T&U）　　　　∴（S&T）&U
8. 1.P
   2.Q ∨–R
   3.–R → –P　　　　∴ Q

9. 1.P

2.P → （Q → R）

3.Q ∴ R

10. 1.P ↔ Q

2.Q → R ∴ P → R

11. 1.–（P ∨ Q）

2.R → Q ∴ –R

12. 1.P

2.–P ∨ Q ∴ Q

13. 1.（P&Q）→ R

2.（Q → R）→ S ∴ P → S

14. 1.P ∨（Q&S）

2.P → R

3.–S ∴ R

15. 1.–（P ∨ Q）

2.Q ∨ R

3.R → S ∴ S ∨ T

16. 1. P&Q

2.–Q ∨–R

3.–S → –P ∴ S&–R

17. 1.P&（Q ∨ R）

2.（P&Q）→ S

3.（P&R）→ T ∴ S ∨ T

以下练习除应用逻辑等价式外，还可以应用条件证明或间接证明。

18.　1. P → Q
　　2. Q ↔ R　　　　　　∴ P → R

19.　1. P → Q
　　2. Q ↔ R　　　　　　∴ –R → –P

20.　1. P
　　2. –Q ∨ R　　　　　∴ Q →（R ∨ T）

21.　P ↔（Q&R）　　　　∴ P → R

构建真值表的规则（第 2 章）

（1）识别出论证中的所有陈述。
（2）创建一个标题行。从左开始，为论证中的每一个陈述创建一个列。
（3）为论证中的每一个复合陈述添加额外的列。
（4）在真值表的最上方标注每个前提和结论。
（5）确定真值表需要的行数。一个真值表除了标题行还需要额外的 2^n 行，这里 n 等于论证中简单陈述的个数。
（6）在每个代表简单陈述的列的每个单元格中填入该简单陈述的真值。
（7）在每个代表复合陈述的列的每个单元格中填入该复合陈述的真值。

长真值表法的运用步骤（第 5 章）

（1）构建一个真值表，将待检验的论证进行完整图表化，以检验其有效性。[按照构建真值表规则的（1）～（7）步]。
（2）找出结论为假的每一行。
（3）逐行阅读结论为假的每一行，并核对前提的真值。如果发现某一行出现结论为假而前提全部为真的情况，该论证为无效论证。如果没有发现这一情况，则该论证为有效论证。

续表

短真值表法的运用步骤（第 6 章）
（1）创建一个能表示该论证的真值表的标题行［真值表构建规则的（1）—（4）步］，并在下面添加一行。 （2）将结论定为假。 （3）开始将结论定为真，同时尽可能避免产生矛盾。 （4）如果在任意一行中，你设法将论证中的所有前提的真值设为真，而结论为假，并且没有遇到自相矛盾的情况，那么这个论证就是无效的。如果还存在其他可以令结论为假的方法，请再创建新的一行并重复（2）—（4）步。如果用尽所有可能仍无法使结论为假同时所有前提都为真，并且不产生矛盾，那么该论证就是有效的。

逻辑运算符定义真值表（第 3 章）

否定真值表

P	–P
T	F
F	T

合取真值表

P	Q	P&Q
T	T	T
T	F	F
F	T	F
F	F	F

析取真值表

P	Q	P ∨ Q
T	T	T
T	F	T
F	T	T
F	F	F

蕴含真值表

P	Q	P → Q
T	T	T
T	F	F
F	T	T
F	F	T

双条件真值表

P	Q	P ⟷ Q
T	T	T
T	F	F
F	T	F
F	F	T

推理规则

规则名称（速记标记）	规则函数（符号形式）
肯定前件式（MP）	P → Q P ∴ Q
否定后件式（MT）	P → Q –Q ∴ –P
假言三段论（HS）	P → Q Q → R ∴ P → R
析取三段论（DS）	P ∨ Q –P ∴ Q 或 P ∨ Q –Q ∴ P
附加律（Add）	P ∴ P ∨ Q 或 P ∴ Q ∨ P
简化律（Simp）	P&Q ∴ P 或 P&Q ∴ Q
合取律（Conj）	P Q ∴ P&Q
构造式二难（CD）	（P → Q）&（R → S） P ∨ R ∴ Q ∨ S
重复规则（R）	P ∴ P
条件证明（CP）	| P | … | Q ∴ P → Q
间接证明（IP）	| P | … | Q&–Q ∴ –P

逻辑等价式

逻辑等价式（速记标记）	等价函数（符号形式）
双重否定律（DN）	P ≡ ––P
易位律（Trans）	P → Q ≡ –Q → –P
实质蕴含律（MI）	P → Q ≡ –P ∨ Q
德·摩根律（DM）	–（P&Q）≡ –P ∨–Q –（P ∨ Q）≡ –P&–Q
重言律（Taut）	P ≡ P ∨ P P ≡ P&P
交换律（Comm）	P ∨ Q ≡ Q ∨ P P&Q ≡ Q&P
结合律（Assoc）	P ∨（Q ∨ R）≡（P ∨ Q）∨ R P&（Q&R）≡（P&Q）&R
分配律（Dist）	P&（Q ∨ R）≡（P&Q）∨（P&R） P ∨（Q&R）≡（P ∨ Q）&（P ∨ R）
实质等值律（ME）	（P ↔ Q）≡（P → Q）&（Q → P） （P ↔ Q）≡（P&Q）∨（–P&–Q）
输出律（Exp）	（P&Q）→ R ≡ P →（Q → R）

在线材料

《形式逻辑袖珍指南》有一个免费的配套网站，里面提供一些额外的材料：

· 本书所包含的所有练习的答案。

· 对以下主题的补充：

翻译中的代词和时态；

中文中的“如果……那么……”与逻辑学中的“→”；

关于有效性的奇怪事实。

如需获取这些资源，请访问：
sites.broadviewpress.com/pocketlogic

或扫描二维码